산, 나의 그리움

산 위의 사계절, 우리의 이야기

조양숙 산행에세이

도서출판
알 움

추천 글

함초롬이님*과 함께한 산길에는 언제나
햇살 닮은 웃음과 설레는 공기가 있었습니다.
첫눈처럼 맑았던 도봉산의 하루, 연분홍 철쭉이 피던 설악의 능선,
그리고 대승폭포의 물소리까지...

함께 걸었던 모든 순간이 이 책 속에 살아 숨 쉰 듯합니다.
『산, 나의 그리움』은 단순한 발걸음의 기록이 아니라,
그 걸음마다 피어난 우정과 추억, 그리고
시간이 지나도 바래지 않는 그리움의 이야기입니다.

– 280산악회 동료 박 종 철 –

*'함초롬이'는 본서의 저자 조양숙의 산행 닉네임입니다.

280산악회에서 함께한 세월 동안, 함초롬이님은
늘 든든한 산길의 동행자였습니다.
비바람이 몰아치는 날에도, 햇살이 눈 부신 날에도,
그의 발걸음은 언제나 산을 향해 있었습니다.

성실함과 따뜻한 성품, 그리고 산 다람쥐처럼 가볍고
멋진 산행 실력까지 그는 우리 모임의 자랑이자, 함께하는
이들에게 힘과 웃음을 주는 귀한 동료였습니다.

책 내용은 상상이나 허구가 아닌, 산행을 하면서
직접 보고 느끼고 즐겼던 그대로를 진솔하게 그려내어, 그 시절이
마치 파노라마처럼 스쳐 지나가는 듯한 생각을 불러일으킵니다.
이 책은 그가 걸어온 수많은 정상과 계곡, 그리고 그 길 위에서
나눈 우정과 진심이 고스란히 담긴 책입니다.
산을 사랑하고 산행을 진심으로 즐기며 산우들과
함께하는 그 모습이 지금도 눈에 선하게 그려집니다.

280산악회의 회장으로서 그리고 함께한 산행 동료로서
이 책을 마음 깊이 추천합니다.

- 280산악회 회장 윤 강 영 -

추천 글

산을 오르는 발걸음 속에 마음의 온기를 담아내는 사람이 있습니다.
그의 글에는 바람의 숨결, 나뭇잎의 속삭임, 그리고
함께하는 이들의 웃음이 살아 있습니다.
언니의 산행 후기는 단순한 기록이 아니라, 읽는 이의
마음을 깊이 적시는 위로와 설렘입니다.

이 책은 산을 좋아하는 사람에게는 길동무가 되고, 산을 잘 모르는
이에게는 새로운 세상을 열어주는 창이 될 것입니다.
따뜻한 마음과 섬세한 시선이 빚어낸 이 글들이, 더 많은 이들의
가슴에 행복의 길을 놓아주길 권합니다.

- 가족 대표 조 현 서 -

작가의 말

 작가의 말

　이 책은 2010년부터 2014년까지 280산악회와 함께하며 쌓아온 산행의 기록을 담은 일기입니다. 주말마다 배낭을 메고 산길을 오르며 마주한 자연의 선물과 그 속에서의 배움은 제 삶에 깊은 울림을 남겼습니다. 계절마다 다른 빛을 품은 산은 늘 새로운 설렘을 안겨주었고, 그 속에서 저는 도전과 위안을 얻었습니다. 산행은 제 마음을 활짝 열어 주었고, 삶을 새롭게 시작할 힘을 불어 넣어 주었습니다.

　산은 제 마음을 단단하게 다져 주었고, 그 길 위에서 저는 진정한 제 모습을 마주할 수 있었습니다.

　산행은 단순히 오르막과 내리막을 반복하는 여정이 아니었습니다. 그것은 제 삶의 한 부분이자 활력소가 되었고, 매 순간이 귀한 시간이었습니다. 280산악회의 동료들은 그 산길을 함께 걸어준 소중한 동반자들입니다.

때로는 묵묵히 곁을 지켜주고, 때로는 큰 웃음을 나누며 고단함을 덜어 준 든든한 친구들이었습니다. 함께 나눈 이야기와 피어난 유대감이 산행의 의미를 더욱 빛나게 해 주었습니다. 산에서는 누구나 겸손해지고 서로의 마음을 나누게 되기에, 매번의 산행은 감사와 행복이 깃든 순간들이었습니다.

매서운 겨울바람을 뚫고 오른 한겨울 정상의 설경, 봄기운을 가득 품은 숲길의 신록, 여름의 짙푸른 나무 그늘 속 청량한 계곡, 가을 산을 물들였던 붉은 단풍의 향연까지... 계절마다 다르게 변하는 산의 얼굴은 참으로 경이로웠습니다. 이 풍경들은 저를 늘 감동하게 했고, 그 안에서 마음이 말끔히 정화되는 것을 느꼈습니다. 자연은 모든 것을 품고 기다릴 줄 아는 존재라는 것을 알게 되었고, 저 또한 그러한 산의 품에서 소박한 마음으로 걸었습니다.

그 모든 순간에 제 곁을 지켜 주시고 걸음을 인도해 주신 하나님께 진심으로 감사드립니다. 부족한 저를 건강하게 붙드시고, 산을 오를 수 있는 힘과 마음을 주셨기에 이 여정도 가능했습니다.

때로는 지치고 흔들릴 때에도 하나님의 은혜는 조용히 제 발걸음을 붙들어 주셨습니다. 이 책이 나오기까지의 모든 길 위에도 하나님의 따뜻한 동행이 있었음을 고백하며, 깊은 감사를 드립니다.

이제 그 기억들을 돌아보며 책으로 엮어보니, 산이 준 깨달음과 함께해 준

이들의 소중함이 새삼 가슴 깊이 전해집니다. 자연이 가르쳐 준 단순하고 소박한 행복, 그리고 거친 바람 속에서도 꿋꿋이 걸어가는 법을 가슴에 새기며 산행을 이어가고자 합니다. 이 책을 펼치는 독자들께도 제가 느낀 자연의 아름다움과 산행의 감동이 고스란히 전해지기를 바라며, 이 여정의 첫걸음을 함께해 주신 산악회 회원들께 진심으로 감사의 마음을 전합니다.

또한 이 책이 세상에 나오기까지 큰 힘이 되어준 소중한 가족에게도 깊은 감사의 마음을 전합니다. 언제나 제 곁에서 든든한 지지자가 되어 준 사랑하는 여동생들, 그리고 글의 시작부터 끝까지 세심하게 조언해 주시고 아낌없이 격려해 주신 최봉희 교수님께도 깊은 감사를 드립니다. 교수님의 따뜻한 지도와 격려가 없었다면 이 책은 끝내 빛을 보지 못했을 것입니다.

이 책이 산에서 얻은 감동과 배움의 기록으로 남기를 바랍니다. 또한 이 글을 읽는 모든 분들께도 자연이 주는 위안과 산행의 기쁨이 고스란히 전해지길 소망합니다. 그리고 모든 여정 위에 늘 함께하셨던 하나님의 사랑과 은혜를 독자 여러분도 삶 속에서 느낄 수 있기를 기도합니다.

– 배봉산 가을빛을 즐기며 함초롬이

2부 여름

3부 가을

차 례

4부 겨울

봄
─────
여름
─────
가을
─────
겨울
─────

푸르른 소나무 숲은 매화산의 숨은 보석이다.

굵고 곧게 뻗은 나무들이 봄바람에 솔향을 실어

내 코끝을 스친다. 눈앞에 펼쳐진 숲은 마치 푸른

융단처럼 장엄하게 펼쳐지고, 그 사이로 스며드는

맑은 공기와 피톤치드 향이 마음을 맑게 한다.

숲길을 걸을 때마 소나무들이 건네는 환영을 받는 듯,

자연 속으로 깊이 끌려 들어가는 기분이 든다.

숨을 들이쉴 때마다 상쾌함이 온몸을 휘감아 피로와

격정을 잊게 하고, 자연이 주는 힘이 그대로 나를 품어 준다.

『산, 나의 그리움』 '매화산' (25쪽)에서 발췌한 봄날의 기록

삶의 축소판 같은
변산에 가 봐!

2010. 4. 12.

부안 변산. 채석강의 기억만 떠오르던 변산에서 산행을 한다는 이야기를 듣고는 약간의 의문이 들었다.

"변산에도 오를 만한 산이 있나?"

라는 생각이 머리를 스쳤다. 그만큼 생소했지만, 생소함은 곧 설렘으로 이어졌다. 그래서인지 작은 기대와 호기심을 가슴에 품고 상춘객의 마음으로 발걸음을 내디뎠다.

새벽, 양재역 지하철을 빠져나와 지상으로 올라오자 반갑게도 이미 햇살이 길을 비추고 있었다. 어둠이 짙었던 며칠 전과는 다르게, 어느덧 낮이 길어진 초봄의 풍경이 펼쳐지고 있었다.

"시간은 여전히 24시간인데, 낮이 길어지니 자연과 더 오래 만날 수 있겠구나."

작은 기쁨을 안고 41명의 산행객과 함께 버스에 올랐다.

아침 7시 25분. 약간 늦게 출발한 버스는 봄바람을 가르며 전라북도

변산으로 향했다. 창밖으로 펼쳐지는 봄의 풍경은 그야말로 그림 같았다. 연초록 새잎이 갓 돋아난 나무들, 화사하게 피어난 노란 개나리, 하얗게 만개한 목련의 자태가 도로 양옆을 채우고 있었다. 넓은 벌판은 마치 푸른 융단을 깔아 놓은 듯 보리밭이 펼쳐져 있었고, 그 사이를 은은하게 수놓은 분홍빛 진달래가 봄날의 생기를 더했다.

버스는 이 생동감 넘치는 풍경을 뚫고 미끄러지듯 달렸고, 그 순간 봄이 우리에게 말을 걸어오는 것만 같았다.

"이런 풍경이 변산 산행의 시작이라면, 오늘은 꽤 특별한 하루가 되겠구나."

나는 설렘과 함께 기대를 더 품으며 변산으로 향했다.

오전 11시, 간단한 스트레칭을 마친 뒤 우리는 변산 산행을 시작했다. 걱정했던 비는 오지 않을 것 같았고, 마음은 한결 가벼웠다. 하늘은 구름 사이로 햇빛을 숨겼다가 내보내기를 반복하며, 우리를 지치지 않게 도와주는 듯했다. 얼굴을 스치는 바람은 계절의 향기를 품고 있어 따뜻하면서도 상쾌했다. 그러나 20분쯤 올랐을 뿐인데 몸은 벌써 땀에 젖었고, 여기저기서 헐떡이는 숨소리가 들렸다.

변산의 바위는 여느 산과 달랐다. 층층이 쌓아 올린 조각품처럼 살아있었고 블록을 차곡차곡 맞춰놓은 듯 질서정연했다. 표면은 매끄럽지 않아 미끄러울 걱정은 덜었지만, 날카롭게 솟은 모양새는 자칫 위험해 보였다.

그러나, 산에 익숙한 우리에게 그 길은 두려움이 아니라 익숙한 도전이었다. 뾰족바위 틈 사이를 누구 하나 넘어지거나 다치는 일 없이 능숙하게 걸음을 옮겼다.

변산의 매력은 소박하고도 아기자기했다. 웅장한 산은 아니었지만, 곡선미가 돋보이는 바위와 나무들이 어우러져 산행 내내 지루할 틈이 없었다.

특히 산 중턱에서 만난 맑고 투명한 물을 담고 있는 호수와 직소폭포는 감탄을 자아내게 했다. 폭포는 길게 물줄기를 내리쏟으며, 우리를 잠시 멈춰 서게 했다. 시원한 물소리와 투명한 물속에서 헤엄치는 크고 작은 물고기들이 작은 경이로움을 전해 주었다. 그 순간은 산이 보여 주는 신비와 평화로움의 절정이었다.

산은 언제나 내게 삶의 축소판 같다. 힘겨운 오르막은 고통과 땀을 요구하지만, 그 끝에 기다리는 성취감은 말로 다 할 수 없을 만큼 시원하다. 변산의 폭포처럼, 삶 속에서도 우리는 각자의 길에서 작지만 귀중한 기쁨들을 마주한다. 평탄한 길이 주는 여유와 가파른 고비의 도전이 어우러져 인생은 풍요로워진다. 변산에서 만난 호수와 폭포처럼 우리의 삶에도 각자만의 보석 같은 가치가 있다. 그것은 우리를 더 나은 사람으로 만들고, 주변 사람들에게도 행복을 전한다.

280산악회와 함께하는 여정은 그런 가치를 찾고 만끽할 수 있는 기회다. 자연을 통해 배움을 얻고, 좋은 사람들과의 인연 속에서 웃음과 활기를 채운다. 산이 주는 평화와 동료들이 주는 따뜻함은 매 순간을 소중하게 만든다. 오늘도 나는 변산의 품속에서 느낀 감사와 기쁨을 마음에 담는다. 자연이 빚어 준 소중한 순간들에 깊이 감사하며, 또 다른 산에서의 만남을 기다린다.

수락산에
기차바위가 있다고?

2010. 4. 18.

기차바위. 그 이름만으로도 호기심을 자아내는 바위였다. 말로만 들었을 뿐, 한 번쯤 꼭 가보고 싶다고 간절히 생각했던 곳이었다.

정말 기차처럼 생겼을까? 아니면 또 다른 사연이 숨겨져 있을까? 왜 하필 '기차바위'일까? 머릿속에서 이 궁금증이 떠나지 않던 차에, 드디어 '4월 18일 수락산 기차바위 탐방'이라는 일정을 보게 되었다.

와~~~ 드디어 내가 그 신비로운 바위를 만나게 될 날이 다가온 것이다. 다른 유혹들이 있었지만, 나는 모든 계획을 뒤로하고 오로지 기차바위로 향했다.

발걸음도 가볍게 아침 9시 20분에 집을 나섰다. 수락산이 집에서 가깝다는 특혜 덕분에 여유롭게 출발할 수 있었다. 하지만 멀리서 1시간 반을 걸려 온 이들도 있었다는 말에 감사한 마음이 들었다.

전국의 산을 정복하는 것이 목표지만, 때로는 이렇게 가까운 산을 찾는 것도 나름의 소중한 경험이라는 걸 느꼈다. 장암역에 도착했을 때, 차편이 뜸해 조금 늦게 도착한 이들도 있었지만, 그 기다림조차 여유롭게 느껴졌다.

14명 우리는 한 가족처럼 뭉쳐서 출발했다. 함께 걷고, 함께 이야기 나누며 우리는 점점 더 하나가 되어갔다. 자연 속에서 그렇게 동화되어 가는 것이 참 신기하고도 뿌듯했다.

산행의 시작은 평화로웠다. 뒷동산을 산책하듯 편안한 길을 따라 우리는 걸음을 옮겼다. 산을 오르는 길에 흩뿌려진 진달래들이 분홍빛 물결을 이루며 우리를 맞아주었고, 그 아름다움에 우리의 눈은 반짝였다. 낮은 곳에서는 이미 활짝 피어있는 꽃들이 우리의 발길을 반겼지만, 조금 올라가니 아직 수줍게 꽃망울을 맺고 있는 진달래들이 보였다. 봄바람에 살짝 흔들리는 그 모습이 마치 우리를 향해 어서 오라고 손짓하는 듯했다.

멀리서 기차바위가 눈에 들어왔다. 저 멀리 기차바위가 마치 거대한 자연의 기적처럼 우뚝 서 있었다. 그 웅장한 모습에, 정말 기차처럼 생겼다는 생각이 절로 들었다. 마치 자연이 오래전부터 이곳에 기차를 세워둔 듯, 바위는 대지를 가르며 나아갈 준비가 되어 있는 듯했다.

사람들은 밧줄에 몸을 맡기고 바위를 오르내리고 있었고, 그 모습이 장관이었다. 위험해 보이기도 했지만, 그 전율을 느끼고 싶은 마음이 컸다. 우리의 차례가 되어 밧줄을 잡고 천천히 올라갔다. 숨소리가 거칠어지면서도, 발걸음은 점점 기차바위 정상에 가까워졌다.

마침내 기차바위 정상에 올랐을 때, 그곳에서 내려다본 풍경은 그야말로 말로 다 할 수 없는 장관이었다.

기차바위에서 내려다본 광경은 마치 내가 하늘에 떠 있는 듯한 기분을 안겨주었다. 저 멀리 펼쳐진 산과 들, 그리고 멀리 보이는 도시가 한눈에 들어왔다. 바위 위에서 느껴지는 바람은 성취의 기쁨을 실어 주었고, 그 짜릿함에 마음이 두근거렸다. 이렇게 가까운 곳에 이토록 멋진 명소가 있었음에도 이제야 처음 찾아왔다는 사실이 왠지 부끄러웠다.

기운을 쏟아낸 팔다리는 이제 점심을 기다리고 있었다. 바위 너머의 아늑한 자리에서 펼친 점심상은 그야말로 꿀맛이었다. 수락산 정상이 우리를 기다리고 있었지만, 역시 금강산도 식후경이었다. 배를 든든히 채운 우리는 다시 힘을 내어 발걸음을 옮겼다.

나는 이 산행 중에도 마음이 무겁고 복잡했다. 어제 저녁에 친구의 비보를 들었기 때문이다. 그 친구를 떠나보내기 위해 조문을 가야 했기에, 마음이 무던히 무거웠다. 산을 오르는 동안에도 그 슬픔을 떨쳐버리기 어려웠지만, 수락산의 아름다움은 내 마음을 위로 해주었다. 마치 산이 내 감정을 품어주고 치유해 주는 것 같았다.

수락산의 기차바위는 내게 또 다른 설렘과 감동을 선사한 곳이었다. 산은 늘 같은 자리에 있지만, 어떤 계절에, 누구와 함께 가느냐에 따라 새로운 모습을 보여준다. 오늘 이 순간, 나는 수락산 기차바위와 함께 또 다른 추억을 쌓았다. 여전히 가슴이 설레며, 다음 산행을 꿈꾸게 만든다.

자연이 주는 선물에 감사하다 - 매화산

2011. 4. 11.

　겨우내 살을 에는 차가운 기온 속에서도, 희망의 싹을 틔우기 위해 온몸으로 시린 고통을 견디고, 마침내 화사한 봄볕을 받으며 수줍게 고개 내민 연록의 새순들이 사랑스럽기 그지없다. 노랑, 연분홍, 진분홍, 하얀 색깔을 잊지 않고 저마다의 모양과 색을 고스란히 드러내며 봄 들녘을 수놓는 아름다운 꽃들은 나의 가슴을 설레게 한다. 엷은 황사 때문인지 하늘은 맑지 않지만, 벚꽃 한 송이라도 더 빨리 피우려는 듯 부지런히 내리쬐는 햇살이 한없이 고맙다.

긴 겨울잠에서 아직 깨어나지 못한 마른 나무들을 깨우려는 듯 봄바람은 살랑대며 나뭇가지를 간지럽힌다. 그 바람이 심술궂게 느껴지기도 하지만, 그 안에 담긴 생명력은 아름답다. 매화산을 오르는 동안, 그 생명력 가득한 봄바람이 나를 감싸며 마치 자연이 나를 안아주는 듯한 기분이 들었다. 자연의 경이로움 속으로 빨려 들어가는 듯한 기분이다. 오늘도 40여 명의 280 가족들은 상춘객이 되어 하나의 행복과 감동의 드라마를 만들어 간다.

매화꽃을 닮아서 '매화산' 이라고 불린다는 말이 기억에 남는다. 이름부터가 이 산을 특별하게 만든다. 꽃잎을 살짝 흩날리며 봄을 알리는 매화처럼, 이 산은 그야말로 자연이 주는 선물 그 자체다.

매화의 섬세하고 청초한 향기가 마치 이곳의 공기 속에 스며든 것만 같았다. 한 걸음 한 걸음 오를 때마다 마주하는 풍경은 완전히 달라졌다.

능선을 넘을 때마다 새로운 풍경이 펼쳐지는데, 마치 산이 감추고 있던 보물을 하나씩 꺼내 보여주는 듯했다. 기암괴석들이 저마다의 독특한 자태를 뽐내며 서 있고, 그 모습은 마치 작은 금강산을 보는 듯했다. 산 중턱에서 마주한 기암은 등반객들에게 멋진 사진 배경이 되어주었고, 그 모습이 나의 마음을 사로잡았다.

푸르른 소나무 숲은 매화산의 숨은 보석이다. 굵고 곧게 뻗은 나무들이 봄바람에 솔향을 실어 내 코끝을 스친다. 눈앞에 펼쳐진 숲은 마치 푸른 융단처럼 장엄하게 펼쳐지고, 그 사이로 스며드는 맑은 공기와 피톤치드 향이 마음을 맑게 한다. 숲길을 걸을 때마다 소나무들이 건네는 환영을 받는 듯, 자연 속으로 깊이 끌려 들어가는 기분이 든다. 숨을 들이쉴 때마다 상쾌함이 온몸을 휘감아 피로와 걱정을 잊게 하고, 자연이 주는 힘이 그대로 나를 품어 준다.

이번 산행은 더욱 뜻깊었다. 280 산행 1주년 기념으로 솔솔바람님이 선물한 한 권의 시집 덕분이다. 그분의 애정이 가득 담긴 마음의 선물이었다. 산을 사랑하는 마음도, 회원들을 아끼는 마음도 남다른 솔솔바람님. 순간순간 재치 넘치는 입담 덕분에 모임의 분위기는 언제나 밝다(그 시집은 박경리 님의 『버리고 갈 것만 남아서 참 홀가분하다』라는 작품이다).

서정적인 아름다움과는 조금 다른 결이지만, 인생을 돌아보며 버릴 것만 남겨두고 홀가분하게 떠나는 것이 가장 아름다운 삶의 마무리가 아닐까싶다. 우리 인생을 되돌아보는 지혜를 떠올리게 하는 시집이기에, 한줄 한줄 정독하며 마음에 새겨볼 생각이다.

이처럼 매화산은 단순한 산을 넘어서, 자연이 우리에게 준 선물 그 자체다. 매화처럼 청아하고 소나무 숲처럼 웅장한 이 산은 그곳을 찾는 이들에게 잊을 수 없는 감동을 안겨준다. 산을 오르며 마주하는 풍경과 향기, 그리고 자연이 전하는 치유의 힘을 느낄 수 있는 곳.

매화산은 우리에게 단순한 산행 이상의 경험을 건네며, 갈 때마다 다른 빛깔의 감동을 보여준다. 산에 대한 감사와 자연이 주는 모든 소중한 것들을 되새기며, 오늘도 나는 행복을 충전한다.

벚꽃 만개한 마이산

2011. 4. 25.

마이산을 향해 달리는 버스에는 30여 명의 산행 가족들이 함께 하고 있었다. 봄기운 가득한 도로를 달리는 차창 밖에 펼쳐진 산과 들의 풍경이 참으로 아름답다. 연녹색의 여린 나뭇잎들 사이로 산 벚꽃들이 환하게 피어나는 모습은 마치 파스텔톤의 옷을 입은 듯 온 산을 물들였고, 이 모습이 상춘객들의 마음을 흔들어 놓았다. 봄 햇살을 받으며 들판에서 씨앗을 뿌리는지, 나물을 캐는지 알 수 없는 여인들의 모습은 정겹고 한가로워 보였다.

얼마나 달렸을까, 갑자기 창밖에 우뚝 솟은 쌍마이봉이 눈앞에 나타났다. 마이산의 대표적인 두 봉우리인 암마이봉과 숫마이봉이 우리의 시선을 단번에 사로잡았다. 이 봉우리들은 마치 말의 귀처럼 높이 솟아 있어 그 이름이 붙었다고 한다. 처음 마주한 쌍마이봉은 마치 오래전 지구의 시간을 잊고 그대로 굳어버린 화산처럼 신비롭고 웅장했다. 그 풍경은 한순간에 우리의 마음을 사로잡기에 충분했다.

마이산은 그 독특한 지형과 신비로운 돌탑들로 유명하다. 곳곳에 솟아오른 거대한 바위들과 바위 위에 쌓인 돌탑들은 자연이 만들어낸 기적과도 같다. 특히, 마이산 돌탑 군은 이곳을 찾는 모든 이들에게 잊지 못할 감동을 전해준다. 한 사람이 오랜 시간 쌓아 올린 이 돌탑들은 마치 하늘로 뻗어나가는 길을 안내하는 듯한 신비로운 느낌을 준다. 마이산에만 있는 '역고드름' 현상도 또 하나의 경이로움이다. 겨울에 고드름이 위로 자라나는 이 현상은 과학적으로 설명할 수 없는 신비한 자연의 선물로, 마이산을 더욱 특별하게 만든다.

남부주차장에 도착하자, 널찍한 주차장에는 차와 사람들이 가득했다. 주차장 주변을 화사하게 수놓은 벚꽃들이 오가는 사람들에게 인사를 건네듯 반짝이며 흩날리고 있었다. 봄바람에 실려 온 향기와 함께 마음이 설레고 들떴다. 간단한 준비 운동을 마치고 마이산을 향해 천천히 발걸음을 옮겼다. 코스가 짧고 여유롭다는 말에 산행도 여유가 느껴졌다.

산행 초입부터 발아래의 바위들이 심상치 않았다.
마치 큰 공사장에서 자갈과 시멘트를 섞어 굳혀 놓은 것처럼 보이는 바위들. 마이산의 바위는 일반적인 산에서 볼 수 있는 매끄러운 바위와는 전혀 달랐다. 자연의 손길로 만들어진 것이라고는 믿기 어려울 정도로 독특하고 거칠게 형성된 바위들이 이곳에 특별한 개성을 더했다.
이 바위들은 수백만 년 동안 바람과 비에 깎여 현재의 독특한 형상을 갖추었다고 한다.

암마이봉과 숫마이봉 역시 이러한 지형의 신비로움을 고스란히 품고 있어, 두 봉우리가 나란히 서 있는 모습은 마치 자연의 조각 작품처럼 느껴졌다.

날씨도 산행에 큰 역할을 했다. 햇살은 구름 사이로 드문드문 나타났다가 숨바꼭질하듯 사라졌고, 바람은 뼛속까지 시원하게 불어왔다. 그 덕분에 우리 모두는 맑고 상쾌한 공기로 가득 채워져 있었다. 가슴이 탁 트이고, 몸과 마음이 자유롭게 춤추는 듯한 느낌이었다.

능선을 타고 내려다본 주차장 쪽의 벚꽃 터널은 그야말로 장관이었다. 벚꽃으로 둘러싸인 길을 걷는다는 것은 마치 꽃잎으로 엮은 긴 터널을 지나는 듯한 황홀함을 안겨주었다.

작지만 푸르디푸른 호수 위에 떠 있는 오리 배들, 그리고 분홍빛 꽃잔
디가 펼쳐진 밭은 그 자체로 한 폭의 그림 같았다. 마이산은 이렇게 자연
의 색을 입어, 마치 살아 있는 캔버스처럼 그 아름다움을 뽐내고 있었다.

점심 식사 시간도 특별했다. 대박님의 비빔밥은 언제나처럼 일품이었
고, 서로의 마음을 나누며 즐겁게 보냈다. 식사 후, 다시 산행을 이어가며
마이산의 풍경을 만끽했다.

특별한 선물도 있었다. 오랜만에 나오신 설인님께서 소중한 선물을
나눠 주셨는데, 버프였다. 스카프인 줄 알았지만, 버프. 내가 원하던 것
이었다.

"갖고 싶은 건 늘 마음에 소망으로 두면 손에 들어오게 된다."

는 설인님의 말씀에 감사의 마음이 배가 되었다. 이처럼 산은 우리에게 신체적 활력뿐만 아니라 마음의 선물까지도 안겨준다. 마이산이 주는 자연의 신비와 감동은 그 무엇과도 비교할 수 없었다.

야생화의 천국 – 천마산

2011. 5. 10.

오늘 아침은 여유롭게 시작되었다. 느긋하게 일어나 준비를 마치고, 운악산을 향해 발걸음을 옮겼다. 그런데 너무 여유를 부렸던 걸까?

버스와 지하철을 번갈아 타며 이동하는 사이 시계는 어느덧 약속 시간인 8시를 살짝 넘기고 있었다. 당황한 마음에 급히 문자를 보냈다.

"저의 게으름을 용서하시고 기다려 주실 건가요? 아니면..."

다행히 친절하신 대장균대장님의 기다리고 있으니 빨리 오라는 답장을 받았다.

헐레벌떡 계단을 뛰어오르며 한숨을 몰아쉬는데, 그 순간 계단은 더욱 길고 멀게 느껴져 얄미움이 한 아름이다. 겨우 도착한 나는 죄송한 마음으로 모인 분들께 인사를 드렸다.

반갑게 맞아 주신 분들과 악수를 하는데, 손을 내밀어 주는 이들이 여덟 명뿐이었다. 오늘은 어버이날이라 그런지 모두 효도하러 간 듯, 나를 포함해 아홉 명만이 모였다. 운악산으로 가는 버스를 기다렸다가 탔지만, 차 안은 이미 콩나물시루처럼 꽉 찬 상태였다. 우리 일행들은 여기저기 흩어져 비좁은 자리에서 선 채로 힘겹게 버텨야 했다. 그때 회장님과 대장님이 빠르게 결정을 내렸다. 이렇게 두 시간을 가다 간 산행은 고사하고 버스 안에서 지쳐버릴 것이 뻔했기 때문에, 우리는 도중에 하차해서 천마산으로 목적지를 바꾸었다.

천마산으로 가는 버스는 운악산행 버스와는 전혀 다른 모습이었다. 너른 좌석이 우리를 기다리고 있었고, 일행 모두가 뒷좌석에 앉아 웃음꽃을 피우며 이야기를 나누었다. 차창 밖으로 보이는 형형색색의 꽃들이 우리를 반겨주었고, 어느새 우리는 천마산 입구에 도착했다. 천마산은 멀지 않으니, 그저 작고 평범한 산일 거로 생각했다. 그러나 천마산은 '야생화의 천국'이라는 별칭답게, 발걸음을 내디딜 때마다 눈앞에 펼쳐진 야생화들이 우리를 놀라게 했다.

이름 모를 작은 꽃들이 여기저기 피어 있어, 마치 산 전체가 꽃의 카펫을 깔아 놓은 듯했다. 노란 민들레부터 하얀 제비꽃, 연분홍빛 패랭이꽃, 그리고 파란 으아리까지. 자연이 그려낸 색채의 향연이 우리의 발걸음을 붙잡았다.

천마산의 산책로는 마치 자연이 펼쳐 놓은 정원을 거니는 듯한 기분이 들게 했다. 봄바람에 살랑거리는 꽃잎들은 우리를 환영이라도 하듯 반짝였고, 우리는 그 길을 걷는 내내 자연의 축복을 누릴 수 있었다. 햇살은 몸 속 깊이 스며들어 쌓인 피로와 노폐물을 씻어내고, 간간이 불어오는 시원한 바람은 이마에 맺힌 땀방울을 닦아 주었다. 자연이 주는 이 모든 선물에 그저 감사할 뿐이었다.

산행 중간에 유경님이 자연을 밟고 지나온 것에 대해 미안함을 표했다. 나는 그에게 이렇게 대꾸했다.
"창조주께서 이런 아름다운 자연을 우리에게 주신 것은 우리 인간을 사랑하시기 때문이야. 자연을 통해 우리에게 행복을 주고, 그 안에서 기쁨을 느끼게 해 주시려는 마음이지."
그 말에 유경님도 고개를 끄덕이며 맞장구를 쳤다.

우리는 철마다 다른 모습으로 우리에게 행복을 주는 자연의 섬세한 아름다움에 감사하며 산행을 이어갔다. 야생화들이 수 놓은 천마산의 산책길은 한 폭의 수채화 같았다.

꽃들이 피어난 그 자리는 마치 오래전부터 그 자리를 지켜온 듯 자연스럽고도 완벽하게 어우러져 있었다. 그야말로 자연이 빚어낸 걸작이었다.

하늘을 향해 뻗어 오른 나무들 사이로 새어드는 빛, 그리고 그 빛을 받으며 피어난 야생화들은 산을 찾는 이들에게 일상에서 벗어난 진정한 휴식을 선사했다. 우리의 발걸음은 가벼워졌고, 마음은 더없이 평온했다.

천마산의 하이라이트는 야생화들만이 아니었다. 계곡을 따라 흐르는 맑은 물 소리, 그 곁에서 돋아난 연초록 새싹들, 그리고 나무들 사이로 펼쳐진 초록빛의 숲은 우리를 감탄하게 했다.

다양한 초록빛 나무들이 이루는 조화는 그 자체로 아름다움의 극치였다. 차가운 계곡물에 발을 담그며 지친 몸을 식히고, 숲속에서 느끼는 신선한 공기와 향기로운 자연의 향에 우리는 몸을 맡겼다.

아홉 명이라는 소수의 인원 덕분에 오늘의 산행은 더욱 여유로웠다. 선두도 후미도 없이 둥글게 굴러가는 바퀴처럼 우리는 느긋하게 걸었다. 천마산을 찾는 사람이 많지 않아서인지, 우리 외에는 몇 안 되는 등산객만이 보였다. 덕분에 산은 한적하고 고즈넉하게 느껴졌다.

우리는 약 네 시간 정도면 충분히 끝낼 수 있는 코스를 거의 일곱 시간 동안 즐기며 자연과 호흡하고, 야생화들에 감탄하며 걸었다.

하산길에서는 계곡 물 소리가 고요를 깨우며 우리의 발걸음을 부드럽게 이끌어 주었다.

연분홍 철쭉의 환호를
받으며 - 귀때기청봉

2011. 6. 7.

알람은 새벽 3시에 울렸다. 잠을 물리치고 재빨리 일어났다. 서둘러 짐을 챙기며 바쁜 하루가 시작된다.

4시 반에 집 앞에서 출발하기로 약속했으니, 나는 서둘러 움직였다. 아침 식사까지 뚝딱 끝내고, 혹시 빠진 것이 없나 점검하면서 설레는 마음을 다독였다. 등산화를 단단히 신으며, 마음을 정비한다.

4시 40분, 일행들과 만났다. 어둠이 아직 우리를 감싸고 있었지만, 그 어둠마저도 동료 삼아 함께 출발했다.

오늘의 목적지는 설악산.

이 산은 한국에서 가장 웅장하고 아름다운 명산으로 손꼽히는 곳이다. 오늘 우리가 오를 코스는 한계령에서 시작해 서북 능선을 타고, 너덜바위 지대를 지나 귀때기청봉(1577,6미터)에 도달하는 코스다.

이후 대승령과 대승폭포를 거쳐 장수대로 하산할 예정이다.

설악산은 여러 번 다녀왔지만, 이번엔 새로운 코스에 도전하는 만큼 특별한 설렘이 있었다. 설악산의 새로운 풍경이 나를 기다리고 있다는 생각만으로도 기대감으로 가득했다.

한계령에 도착한 시간은 오전 7시 반. 주차장은 이미 만차였다. 우리는 도로변에 차를 주차하고 한계령 입구로 향했다.

8시, 본격적인 산행이 시작되었다. 초반부터 가파른 경사가 이어졌다. 설악산의 위용은 이 첫 발걸음에서부터 느낄 수 있었다. 짧지만 강렬한 구간을 오르며 몸이 풀렸고, 기분 좋은 상쾌함이 느껴졌다.

입구에서부터 펼쳐진 풍경은 그야말로 황홀했다.

철쭉이 연분홍빛으로 양옆을 가득 메우고, 초록빛 숲과 조화를 이루며 길을 화사하게 장식했다. 마치 설악산이 이 순간을 위해 준비해 둔 선물처럼 철쭉들이 만개해 있었고, 그 풍경은 우리의 발걸음을 가볍게 했다. 산을 오르는 동안 철쭉의 향연은 끊이지 않았다. 철쭉의 연분홍 물결 속을 걷는다는 것은 그야말로 봄의 축복을 온몸으로 느끼는 기분이었다.

1시간 40여 분이 지나 삼거리에 도착했다. 이곳은 많은 이들이 대청봉으로 향하는 길목이었지만, 우리는 보다 고요한 귀때기청봉 쪽으로 방향을 틀었다.

　설악산의 매력은 북적이는 인파에서 벗어나면서 진정으로 느낄 수 있다. 사람들이 줄어들자, 고요한 산속에서 바람 소리와 자연의 숨결이 더 선명하게 들려왔다. 설악산의 진정한 아름다움은 바로 이 평화로움 속에 숨어 있었다.

　곧이어 도착한 너덜 바위 지대. 설악산의 진가를 보여주는 지형이었다. 용아장성과 공룡능선이 한눈에 들어왔고, 바위들이 너덜너덜하게 흩어진 너덜 바위 구간은 오랜 세월의 풍화와 침식이 만들어 낸 자연의 흔적처럼 보였다.

　웅장한 바위들이 하늘을 향해 솟아 있는 그 풍경은 말로 다 표현할 수 없는 장엄함을 안겨주었다. 설악산에서만 느낄 수 있는 이 독특한 지형과 자연의 거대함은 가히 압도적이었다.

작년 공룡능선 산행의 기억이 떠오르며, 그곳에서 느꼈던 감동이 다시금 밀려왔다.

설악산은 어느 능선을 타든 다채롭고 아름다운 풍경을 선사하는 산이다. 사방으로 펼쳐진 경치는 그저 걸음을 멈추고 감탄할 수밖에 없을 만큼 아름답다. 파란 하늘 위에는 새하얀 솜털 구름이 떠다니고, 간간이 불어오는 바람은 시원하게 몸을 식혀준다. 동행한 사진작가인 여유님 덕분에 우리는 설악산의 절경을 배경으로 추억을 남길 수 있는 소중한 시간을 보냈다.

귀때기청봉에 올라 점심을 먹으며 잠시 휴식을 취했다.

비록 화려한 식사는 아니었지만, 설악산의 웅장한 경관을 바라보며 나누는 한 끼는 그 자체로 행복이었다. 진달래와 철쭉이 피어 있는 이곳에서 설악산의 또 다른 모습을 발견했다. 화려함과 소박함이 공존하는 설악산의 자연은 우리의 마음을 깊이 울렸다.

대승령으로 향하는 길은 꽤 길었지만, 설악산의 풍경은 지치고 힘든 발걸음마저도 위로해 주는 듯했다. 시간이 흐르며 무릎이 아픈 동료도 있었지만, 우리는 서로 격려하며 함께 걸었다. 설악산의 대승폭포에 이르렀을 때, 쏟아져 내리는 물줄기 소리가 우리의 피로를 말끔히 씻어주는 듯했다.

이처럼 설악산은 자연의 힘과 아름다움으로 우리를 치유하는 곳이다.

장수대에 도착하면서 오늘의 긴 여정은 끝났다. 설악산에서 보낸 10시간은 그 어떤 날보다도 특별하고 소중했다. 설악산의 거대한 능선과 바위들이 보여준 그 날의 경관은 내 머릿속에 선명하게 남아 있다.

설악산의 품에 안겨 하루를 보낸 것은 그 자체로 큰 행복이었다.

나의 홈그라운드
- 북한산

2011. 8. 8.

내가 사는 곳은 그야말로 자연이 주는 축복으로 가득하다. 불암산, 수락산, 도봉산, 그리고 북한산까지, 이 산들은 마치 늘 곁을 지켜주는 든든한 친구 같다. 그중에서도 북한산은 나의 특별한 '홈그라운드'다.

언제나 그 자리에 있어 주며, 피곤한 몸과 지친 마음을 감싸안아 주는 산. 나에게는 그저 가까운 산이 아니라, 삶의 활력을 불어넣고 위로를 건네는 소중한 존재다. 그래서 오늘은 더 설레고 기분이 좋다. 북한산으로 오랜만에 산행을 떠나기 때문이다.

아침 일찍 수유역 4번 출구로 부지런히 나갔다. 평소처럼 나보다 더 부지런한 이들이 이미 많이 모여 있었다. 오늘은 태풍이 지나갈 거라는 예보가 있었음에도, 우리 모임 사람들은 북한산의 부름에 발걸음을 멈추지 않았다. 산을 사랑하는 이들이 모인 만큼, 우리 사이에 흐르는 기운은 언제나 밝고 활기차다. 북한산을 오를 때마다 느껴지는 이 특별한 분위기는 나에게 언제나 각별한 감동을 준다.

120번 버스를 타고 북한산 소귀천 입구에 도착했다. 몸을 가볍게 풀고 산행을 시작했다. 북한산은 마치 우리를 환영하듯, 시원한 공기와 맑은 계곡 물소리로 맞이했다. 여름 산행은 쉽지 않지만, 이곳에서는 신선한 바람이 얼굴을 스칠 때마다 모든 부담이 씻겨 내려가는 듯했다. 산속의 공기가 주는 청량함과 자연의 소리는 내 머릿속까지 맑아지게 한다. 북한산은 내가 언제든 돌아와 쉴 수 있는 고향과 같은 산이라는 생각이 든다.

길을 따라 올라갈수록 계곡물의 시원한 소리가 더욱 커졌다. 우리는 종종 발걸음을 멈추고 물을 마시며 잠시 숨을 고르곤 했다. 깊이 숨을 들이마시며 숲속의 공기를 마실 때, 폐활량이 늘어나는 느낌이 들었다. 자연이 주는 작은 숨결 하나하나가 내 안에 새로운 에너지를 채워주는 듯했다. 북한산의 공기는 단순한 산속의 공기가 아니라, 나를 다시 살아나게 만드는 온전한 생명력처럼 느껴졌다.

대동문에 도착했을 때, 우리는 점심을 먹으며 잠시 휴식을 취했다. 태풍이 지나가며 선선한 바람이 불어왔고, 덕분에 우리의 산행은 더없이 감사한 시간이 되었다. 땀에 젖은 몸도 금세 시원하게 마르기 시작했고, 바람이 피로를 말끔히 거둬가는 듯 했다. 북한산의 정상에서 느끼는 이 청량함은 오랜 친구와 다시 만난 것 같은 따뜻한 환영의 느낌이었다. 내가 이곳을 사랑하는 이유는 바로 이 순간, 자연과 하나가 된 듯한 평화로움 때문이었다.

하산길에서도 여름의 뜨거운 공기가 따라왔지만, 그 또한 이곳의 일부처럼 느껴졌다. 계곡 물소리가 다시 들려올 때, 우리는 잠시 발걸음을 멈추고 발을 담갔다. 물의 차가운 감촉이 몸속까지 퍼지며 오늘의 피로를 씻어내 주었다. 북한산에서 만나는 계곡물은 언제나 새로운 활력을 불어넣어 주는 자연의 선물이다. 그 청량함이 나를 감싸면서, 나는 이 산이 주는 평온함에 새삼 감사함을 느낀다.

하산을 마친 뒤, 바쁜 일정으로 인해 아쉬움만을 남긴 채 서둘러 발걸음을 옮겼다. 그러나 북한산에서 받은 기운은 내 하루를 환하게 밝혀주었다. 저녁 늦게 집에 돌아올 때, 친구가 내게 묻는다.

"많이 피곤하지 않나?"

그 물음에 나는 웃으며 답한다.

"걱정하지 마. 북한산에서 받은 에너지 덕분에 나는 오늘도 하루가 충만해."

북한산은 단순히 오르고 내리는 산이 아니라, 나에게 삶의 여유와 활력을 주는 특별한 장소다. 이곳에서 만난 자연의 아름다움, 함께한 사람들과 나눈 웃음, 그리고 계곡물의 청량함은 그날 하루를 더욱 값지게 만들어주었다.

오늘도 자연이 주는 축복 속에서 내일을 더 힘차게 살아갈 자신감을 얻는다. 북한산은 늘 나의 홈그라운드이자 내 인생에 깊은 감동을 주는 산이다.

봄을 머금은 관악산

2012. 3. 19.

따스한 봄기운이 가득한 아침, 마침내 100여 일의 긴 겨울잠에서 깨어나 천천히 기지개를 켰다. 관악산을 향해 발걸음을 내딛는 오늘은, 겨우내 얼어붙었던 마음조차 녹아내리는 듯했다. 산에 간다는 설렘이 마음속에서 파도처럼 일렁였다. 280모임은 언제나 나에게 쉼과 행복을 선사하는 공간이다. 마치 나만의 안식처처럼, 나는 그곳에서 편안함을 찾고 마음을 나누며 지친 일상을 잠시 내려놓는다.

오늘은 번개 산행인데도 불구하고 25명의 반가운 얼굴들이 모였다. 모두가 봄 햇살 같은 미소를 머금고 있었고, 그 속에서 자연스레 안정을 느꼈다. 오랜만에 마주한 친구들, 그리고 새로 만난 동료들까지, 그 모두가 반겨주는 손길은 마치 봄바람처럼 부드럽고 다정했다.

하늘빛도 부드럽게 물들어 있었고, 오늘 하루가 얼마나 행복할지 하늘이 예고라도 해 주는 듯했다.

들머리에 도착하자마자 느껴지는 봄기운. 겨우내 차갑게 느껴졌던 공기는 어느새 따뜻하게 코끝을 간질였고, 겉옷이 거추장스러워졌다. 겨울의 잔재가 온전히 사라진 바람 속에서, 나는 자연의 생명력과 함께 걸어가며 마음이 한결 가벼워지는 것을 느꼈다. 이 계절이 주는 감동은 특별하다. 새싹이 움트고 꽃봉오리가 피어나는 자연 속에서, 나도 함께 다시 피어나는 기분이었다.

자연을 벗 삼아 살아갈 수 있는 지혜를 얻었다는 사실에 가슴 깊은 감사가 밀려온다. 자연 속에서 지혜를 배우고, 그로 인해 감사와 행복을 느낄 수 있다는 것은 정말로 큰 축복이 아닐 수 없다. 현실은 얽히고설킨 실타래처럼 복잡하지만, 이렇게 일주일에 한 번이라도 자연 속에서 깊은 숨을 쉬며 마음을 풀어낼 수 있는 시간이 주어져서 고마운 마음이 든다.

맑게 갠 하늘을 바라보며, 나의 마음도 맑아지는 듯 한결 가벼워지고, 다시 삶에 대한 활력이 차오른다. 자연이 주는 평온함 속에서 나는 다시금 앞으로 나아갈 힘을 얻고, 삶을 더 탄력 있게 이어갈 수 있다는 것이 참 감사하다.

관악산을 오르며 가슴이 시원하게 뻥 뚫리는 기분을 느낀다. 함께 발걸음을 맞추는 동료들이 있어 더없이 행복했고, 마음을 나눌 수 있는 벗들이 함께해서 더욱 기뻤다. 특히 귀를 스치며 부드럽게 불어오는 바람은 마치 나를 살포시 어루만지듯, 살며시 귓불을 스치고는 내 볼에 부끄러운 듯

키스를 남기고 달아났다. 그 시원한 바람과 맑은 날씨가 얼마나 감사했는지 모른다.

　각기 다른 모양의 바위들이 길 위에서 우리를 반겨주는 듯했다. 바위 위로 기어오르기도 하고, 발을 조심스럽게 내디디며 밧줄을 잡고 오를 때 전율이 가슴을 뛰게 했다. 이래서 관악산이 참 좋다. 자주 오르는 산이지만, 매번 새로운 코스마다 느껴지는 감동과 즐거움이 다르니 늘 신선하다. 오늘도 관악산은 그 매력으로 우리를 감싸주었다.

　배가 고파질 즈음, 기다리던 라면 파티가 열렸다. 코펠과 버너, 뜨거운 물, 그리고 라면과 만두, 떡까지 준비해 온 분들 덕분에 오늘의 점심은 그 어느 때보다도 특별했다. 산행 중에 먹는 라면의 맛은 그 어떤 음식도 넘을 수 없었다. 라면의 짜릿한 맛에 모든 피로가 날아가는 기분이었다.

　산속에서 먹는 이 한 끼는 마치 봄의 선물처럼 달콤하고, 그 순간이 주는 행복은 이루 말할 수 없다.

항상 우리를 이끌어 주시는 인재님이 오늘도 커다란 배낭에서 끊임없이 과일과 빵을 꺼내 주셨다. 정성껏 준비해 오신 것들을 우리와 함께 나누는 인재님의 마음에 깊은 감사를 느꼈다. 우리를 위해 기꺼이 시간을 내어주고, 정성을 다해 준비해 준 그 마음이 참 따뜻했다. 오늘 받은 고마움에 작은 보답이라도 하고 싶었다.

아쉽게도 뒤풀이는 함께하지 못하고, 해야 할 일이 있어 서둘러 자리를 떠야 했다. 끝까지 함께하지 못해 미안했지만, 우리 산행 팀의 넓은 마음을 믿기에 안심하고 발걸음을 돌렸다. 나를 기다릴 일이 많았지만, 관악산에서 받은 봄의 기운은 내 몸과 마음을 다시 활기차게 만들어 주었다.

관악산은 그저 오르내리는 산이 아니었다. 봄을 가득 머금은 자연 속에서, 나는 새로운 시작을 꿈꾸고 삶의 에너지를 충전했다. 계곡물의 청량함과 바람의 따스한 속삭임, 그리고 함께한 동료들의 웃음소리가 어우러진 오늘 하루는 그 자체로 값지고 소중했다. 나는 오늘도 자연이 주는 축복 속에서 기쁨과 감사를 느끼며, 새롭게 피어나는 봄과 함께 내일을 힘차게 맞이할 자신감을 얻었다.

평안을 되찾다 – 모악산

　오랜만의 외출. 공백의 시간이 삶의 리듬을 잠시 흐트러뜨렸지만, 그래도 다시 자연 속으로 돌아가는 이 설렘은 여전하다. 모악산으로 향하는 아침, 빠뜨린 것이 없을까 두리번거리며 생각해 보는동안 마음속엔 이미 기대와 흥분이 가득하다. 매달 둘째, 넷째 주 일요일 새벽 6시. 나를 기다려 주는 그곳으로 서둘러 발걸음을 옮긴다.

　어젯밤의 거센 바람이 아직도 생생한데, 오늘은 바람이 고요하다.

마치 긴 싸움을 마친 바람이 잠시 멈춘 듯하다. 고요한 공기 속엔 어느새 따스한 기운이 스며든다. 어둠을 벗 삼아 지하철을 타고 양재역에 도착해 지상으로 올라오니, 세상은 이미 환하게 빛나고 있었다. 밤과 낮이 맞닿은 그 순간, 고요한 아침이 나를 반겼다.

"와, 대낮이네!"

나도 모르게 터져 나온 감탄사가 오늘 하루의 시작을 알렸다.

반가운 얼굴들이 오랜만에 나를 맞이했다. 서로의 손을 맞잡고, 안부를 묻는 사이, 그동안의 그리움이 자연스럽게 전해진다. 봄이 찾아온 것처럼, 이 만남도 새롭게 다시 피어난다. 오늘만큼은 우리가 모두 평화로운 시간 속에서 머물 것이라는 확신이 든다. 청명한 하늘이, 우리 앞에 펼쳐질 행복한 하루를 살짝 비춰주고 있는거 같았다.

이번 모악산 산행은 특별했다. 280모임과 함께한 지 2년 6개월, 오늘은 신임 회장님의 출범을 기념하며 80여 명이 대규모로 모인 역사적인 날이었다. 우리를 실은 두 대의 버스가 나란히 출발하며, 기대와 설렘이 가득한 여정이 시작되었다. 이 많은 사람과 산행을 함께하며, 그 속에서 느끼는 소속감과 커다란 나무로 자라날 우리의 모임이 주는 희망에 마음이 벅차올랐다.

꽁꽁 얼어붙어 있던 겨울 계곡물이 드디어 녹아내리며, 힘찬 소리로 우리를 반겨준다. 맑고 투명하게 흐르는 물소리는 그 자체로 마음을 가볍게 만들어주고, 산을 찾는 이들의 발걸음까지 경쾌하게 해준다. 하늘에는 하얀 구름이 두둥실 떠다니며, 파란 하늘을 캔버스 삼아 그림을 그려낸다. 어떤 구름은 아기 오리 같고, 또 어떤 구름은 어린 강아지처럼 귀여운 모양을 하고 있다. 모였다가 흩어지기를 반복하며 다양한 형상으로 변화하는 구름은 자연이 만들어 낸 살아 있는 예술 작품 같다.

어디서 왔다가 어디로 가는지 알 수 없는 바람은, 이마에 맺힌 땀을 시원하게 식혀주고 더운 옷을 하나씩 벗게 만든다. 따뜻한 햇볕마저도 오늘은 고맙고 소중하게 느껴진다. 이렇게 자연이 우리에게 베풀어 주는 선물은 셀 수 없이 많고, 그 속에서 우리는 다시 한번 큰 감사를 느끼게 된다.

우리는 80명의 벌떼가 되어 산을 올랐다. 지나가는 등산객이
"벌떼가 나타났네요!"
라며 웃음 짓던 순간이 아직도 생생하다.
우리는 한 덩어리로, 자연과 하나 되어 흘러갔다. 넓고 큰 산은 우리를 품어주었고, 우리는 산이 주는 평안 속에서 웃음과 대화를 나누며 나아갔다. 그 속에서 느낀 자연의 넉넉함과 고요함은 형언하기 어려울 만큼 깊이 있었다.

산 위에 올라서니, 저 멀리 김제 평야의 광활한 풍경이 한눈에 들어왔다. 푸른빛으로 반짝이는 저수지, 그리고 산자락 아래 남아 있는 하얀 눈이

봄과 겨울이 겹쳐 있는 모습을 보여주었다. 겨울의 흔적이 남아 있지만, 산들거리는 바람과 따스한 햇볕이 이미 봄의 시작을 알리고 있었다. 모악산은 겨울과 봄이 부둥켜안고, 서로 헤어지기 아쉬워하는 듯했다.

모악산이라는 이름처럼, 산은 오늘 나에게 어머니의 품처럼 따뜻하고 포근하게 느껴졌다. 계곡물은 어머니의 심장 소리처럼 리듬을 타고, 바람은 어머니의 숨결처럼 부드럽게 나를 감쌌다. 햇살은 어머니의 체온처럼 온기를 주며, 그 속에서 나는 평안을 찾았다. 젖먹이가 어머니 품에서 새근새근 잠들 듯, 나 역시 모악산의 품속에서 평온을 되찾은 하루였다.

"오랜만에 만난 분들, 정말 반가웠습니다.
새봄의 생명력과 함께 앞으로도 활기찬 활동이 이어지길
기대합니다. 오늘의 발걸음이 앞으로도 쭉 이어져, 280과
함께하는 모든 시간이 건강과 기쁨으로 가득하길 바랍니다.
무엇보다 오늘의 일정을 준비해 주신 회장님과 임원진
여러분, 덕분에 정말로 감사하고 행복한 하루였습니다."

늦잠꾸러기 시샘 바람은
천태산에서도

2012. 4. 11.

수많은 이유와 핑계들이 내 마음을 저울질한다.

천태산의 손짓과 일상의 복잡한 일들 사이에서, 과연 어느 쪽으로 기울어질까? 머릿속에선 여러 가지 계획들이 엉키고 꼬였지만, 어느새 내 이름은 천태산 산행 명단에 올라와 있다. 고민 끝에 결국 문자를 보낸다.

"제 자리를 다른 대기자에게 양보해 주세요."

하지만 답은 없었다. 나를 꼭 데려가고 싶은 산악회의 애정 어린 표현이라 믿으며, 모든 계획을 조정하였다.

4월은 늘 일이 많다. 마음을 어지럽히는 여러 사건으로 인해 산행의 길이 멀게만 느껴진다. 누구에게나 복잡한 일이 있겠지만, 이번 달은 특히 바쁘고 안타까운 일들이 많았다. 윤 고문님의 농담이 떠올랐다.

"할 일이 없어서 산에 간다"

라는 그 말이 오늘따라 크게 다가왔다.

변화는 언제나 좋은 것이다. 우리 산악회에도 작은 변화의 바람이 불고 있다. 새봄이 마른 가지마다 생명을 불어넣듯, 우리 산악회에도 희망의 새싹들이 자라나고 있다. 작은 변화가 모여, 마침내 무성해질 날이 머지않았다는 생각에 마음이 흐뭇하다.

오늘 산행엔 45인승 대형버스가 준비되었다. 불편할 수 있는 대형버스임에도, 다 함께 한마음으로 떠날 수 있다는 사실이 중요하다. 낯선 얼굴, 익숙한 얼굴들이 서로 앞서고 뒤서며 천태산을 오르다 보면 우리는 어느새 하나가 된다.

노루웨이 수석 대장님이 마이크를 잡고 서로의 얼굴을 익히는 시간을 마련했다.
닉네임을 붙여주는 그의 재치가 빛났다. 특히 주황색 목걸이에 달린 명찰은 우리가 모두 한 가족이라는 상징처럼 다가왔다. 이 명찰 덕분에 산에서도 서로를 알아보며 응원하고 사진을 찍어주며 더욱 가까워질 수 있었다.

주차장에 도착하니, 영남방 식구들을 태운 버스가 도착했다. 영남에서 42명이나 왔다고 한다. 오늘은 정말로 90여명의 대규모 산행이다. 천태산은 윤 고문님이 말한 것처럼 작고 아담하지만, 그 매력은 절대 작지 않았다. 국립공원도 아닌데 매표소가 있다는 것도 신기했다. 매표소를 지나자 알록달록한 산악회 리본들이 천태산의 또 다른 멋을 만들어 내고 있었다. 천년의 세월을 견뎌온 은행나무도 우리를 기다리고 있었다.

수많은 시련을 이겨낸 듯한 나무의 모습이, 그 자체로 인내와 위대함을 상징하는 듯했다.

은행나무를 지나며 발걸음을 옮기자, 저 앞에 암벽에 매달린 사람들이 보인다. 가슴이 설렌다. 봄바람이 얼굴을 스치며 찌든 일상을 씻어내는 기분이다. 구름 한 점 없이 맑은 하늘과 불어오는 시원한 바람이 우리를 더욱 상쾌하게 했다.

한참을 오르다 보니, 거대한 바위가 마치 우리를 내려다보는 듯 우뚝 솟아 있었다. 그 바위는 무려 75미터에 달하는 암벽이었다. 길고 튼튼한 밧줄이 늘어져 있어, 도전할 수 있게 준비되어 있었다. 물론, 바위 능선을 오르기 힘든 이들을 위해 우회할 수 있는 길도 있었지만, 나는 해내고야 말겠다는 도전정신을 불태웠다.

처음엔 아찔하고 두려워 보이던 그 바위가, 막상 올라보니 할 수 있다는 의지와 성공의 기쁨을 수많은 사람에게 심어주고 있는 존재처럼 느껴졌다. 마치 우리에게 끊임없는 도전을 허락해 주는 감사한 동반자처럼 느껴졌다. 결국 암벽 타기에 성공했을 때, 뿌듯함과 기쁨이 가슴 깊이 밀려왔다. 그 순간, 그동안의 노력이 보람으로 바뀌며 더 큰 자신감을 심어주는 시간이 되었다.

잠시 휴식을 취할 시간이다. 90여 명이 넉넉하게 앉을 수 있는 장소에 자리를 잡고, 각자의 봄 소풍 같은 밥상을 펼쳤다. 푸짐한 음식들이 나들이를 나온 듯 화려하게 차려졌고, 배가 부르니 세상에 부러운 것이 없었다.

그때, 늦잠꾸러기 시샘 바람이 잠에서 깨어났나 보다. 오전 내내 잠잠하던 바람이 허둥지둥 일어나서 우리를 흔들어대기 시작했다. 모자가 날아가고, 머리칼이 춤을 추며 몸이 휘청거리기 시작했다. 마른 가지를 흔들어 생명을 틔우려는 봄바람의 힘을 느끼며, 자연의 순리에 감사하는 마음을 가져본다.

하산길에 접어들며 맑은 계곡물이 우리를 반겼다. 발을 차가운 물에 담그는 순간, 온몸에 짜릿한 감각이 전해졌다. 물은 차가웠지만, 산행 후의 만족감과 행복은 그 차가움을 모두 잊게 했다. 충북의 설악이라 불리는 천태산에서의 하루는, 내 마음을 뿌듯함과 기쁨으로 가득 채웠다.

계방산은 최고의 행복 메이커

2013. 1. 29.

최근 강원도에 많은 눈이 내렸다는 소식에, 설화와 상고대가 펼쳐질 계방산을 떠올리며 마음이 설레었다. 올해는 눈꽃을 제대로 본 적이 없어 이번 산행이 더없이 좋은 기회가 될 거라는 기대감이 가득했다.

영하 13.4도의 아침 추위도 아랑곳하지 않고 빈틈없이 무장한 채 집을 나섰다. 출발하면서, 하늘에 환히 떠오른 보름달이 눈에 가득 들어왔다.

새벽어둠 속을 홀로 걷는 나를 보며 달이 동행자가 되어 준 듯했다.

“안전하게 잘 다녀오라”

는 인사를 건네는 듯, 환하게 길을 밝혀주는 달빛에 나도 마음으로 고마움을 전했다.

고속도로를 빠르게 달리던 버스는 목적지에 가까워지자 구불구불한 산길로 들어섰다. 험한 지그재그 오르막길을 큰 버스로 오르는 건 기사님의 놀라운 실력 덕분이었다. 주변에는 온통 눈이 쌓여 있었지만, 도로는 말끔하게 정리되어 있었다. 누군가가 차량 통행을 위해 엄청난 수고를 했음이 느껴졌고, 그분들의 노고에 감사를 느끼며 우리는 무사히 운두령에 도착했다.

운두령에는 많은 사람과 차량이 뒤엉켜 있었고, 추운 날씨 탓에 몸풀기 체조도 생략한 채 바로 산행을 시작했다. 가파른 계단을 오르며 여기저기서 “아이고 힘들다...” 는 소리가 들렸지만, 이내 완만한 능선길이 우리를 반겨주었다. 눈으로 덮인 길은 마치 끝없이 펼쳐진 하얀 융단 같았고, 가끔 가파르게 오르막이 나타나도 금세 여유로운 능선이 우리를 다시 감싸주었다. 그러나 왼쪽에서 불어오는 차가운 바람이 얼굴을 시리게 해, 몸을 돌려 오른쪽의 햇살을 난로처럼 이용하며 걷기도 했다.

늘 짙은 운무가 낀다고 하여 운두령이라는 이름이 붙었다고 하지만, 오늘은 맑고 푸른 하늘이 끝없이 펼쳐져 있었다.

수정 총대장님이 시인이 된 듯 말했다.

"사람들은 푸른 바다가 땅에만 있다고 생각하지? 저 하늘에도 푸른 바다가 떠 있잖아!"

맑고 투명한 하늘은 마치 바다처럼 깊고도 푸르게 펼쳐져 있었다.

널찍한 공간에 도착하니, 그곳의 지명이 무엇인지는 알 수 없었지만, 사방으로 펼쳐진 산 능선들이 눈 이불을 덮은 채 고요하게 쉬고 있었다. 마치 누군가가 정성껏 꾸며 놓은 작품 같았다.

"아, 정말 감탄이 절로 나는 대장관이구나!" 고개를 돌려 서서히 주위를 둘러보니, 사방이 최고의 작품성을 자랑하는 파노라마처럼 펼쳐져 있었다. 한 폭의 그림 같은 그 장면은 숨을 멎게 할 정도로 아름다웠다.

그곳에서 우리는 눈 속에서 피어난 몇 송이의 설화를 발견했다.

모진 바람을 이겨내며 굳건히 서 있는 눈꽃들은 너무도 신비롭고 사랑스러웠다. 마치 우리가 이곳까지 힘겹게 오른 것을 알아주기라도 하듯, 귀한 선물처럼 다가왔다. 눈꽃들의 그 숭고한 뜻을 이해하니 마음 한편이 따뜻해지고, 자연의 위대함에 감사의 마음이 밀려왔다. 모두 그 설화를 배경으로 기념사진을 남기며, 그 순간을 마음에 깊이 새겼다.

점심을 해결하기 위해 서너 그룹으로 나뉘어 자리를 잡고 비닐하우스를 설치해 바람을 막았다. 그러나 한 산행 안전 지도원이 와서 그곳에서 취사가 금지되어 있다며 비닐하우스도 철거하라고 했다. 아쉬웠지만 규칙을 따르며 준비했던 라면 대신 떡과 빵으로 간단히 요기했다. 다른 그룹은 안전 지도원이 떠나자 다시 버너를 꺼내 라면을 끓여 먹었다. 한두 젓가락씩 나눠 먹는 그들의 모습이 마음을 훈훈하게 했다.

드디어 계방산 정상에 도착했다. 바람이 너무 거세서 마치 날아갈 것만 같았지만, 잠시 사진을 찍고 서둘러 하산을 시작했다.

하산길은 푹신하게 쌓인 눈 때문에 발이 자꾸 빠졌지만, 앞서가던 사람들은 눈썰매를 타듯 미끄러지며 내려가고 있었다.

나도 도전해 보고 싶어졌고, 엉덩이가 시릴까 걱정했지만, 용기를 내어 몸을 눈밭에 맡겼다.

"야호!"

오랜만에 느껴보는 짜릿함에 기분이 날아오르는 듯 했다.

산을 내려오는 길은 그야말로 신나는 질주였다. 어느새 함께 내려오던 일행은 멀찍이 뒤처져 보이지 않았고, 나는 마치 눈썰매를 타듯 내려와 엉덩이가 축축해질 정도였다. 하지만 그보다 더 큰 행복감이 가슴속에서 터져 나왔다. 마치 동심으로 돌아간 듯, 어린 시절 겁 없이 신나게 놀던 그 시간이 오늘 다시 찾아온 것이다. 그때는 그저 즐겁기만 했던 시간이, 오늘은 또 다른 의미로 내게 다가왔다. 언젠가 먼훗날, 이 순간을 떠올리며 미소를 지을 날이 분명히 올 것이다. 오늘의 이 행복감은 앞으로도 나를 웃게할 소중한 추억으로 남을 것이다.

　주차장에 닿기 직전까지도 게르다와 나는 눈썰매를 타고 미끄러져 내려왔다. 너무 행복해서 그 순간의 감정을 완전한 글로 담아내기가 참 어렵다. 그저 행복했다. 오늘 산행은 춥고 시렸지만, 그보다 더 큰 행복을 선물해 주었다. 계방산이 나에게 준 최고의 행복을 가슴 깊이 새기며, 오래도록 겨울 산행을 즐길 것이다.

꽃샘추위라는
복병을 만난 팔봉산

2013. 3. 11.

'서산 팔봉산이 부른다' 는 소식에 귀가 솔깃해졌다.

마음은 이미 팔봉산으로 달려가 있었지만, 바쁜 일상에 떠밀려 뒷전이었다. 그러나 임원들의 다급한 SOS 요청에 마음이 흔들렸고, 결국 팔봉산으로의 길을 결심했다.

전날의 포근함은 온데간데없고, 꽃샘추위가 매섭게 몰아쳤다. 봄이 오고 있음에도 불구하고 겨울의 마지막 저항은 매서웠다. 우리의 버스는 화창한 햇살을 받으며 쌩쌩 달렸지만, 그 속에 숨은 차가운 바람이 우리를 기다리고 있었다. 행담도 휴게소에 도착했을 때의 바람도 만만치 않게 얼굴을 찔렀다.

팔봉산에 도착하자, 회양목님이 고향에 돌아온 듯 환하게 웃으며, 어릴 적 다녔던 학교 이야기를 들려주었다. 팔봉산은 작은 봉우리들이 옹기종기 모여 있어 특별히 웅장한 느낌은 아니었지만, 푸르른 소나무와 맑은 봄 햇살 덕분에 그 아기자기한 풍경이 정겹게 느껴졌다.

　나무들이 제법 통통해져 있는 모습을 보니, 금방이라도 새싹을 틔울 것만 같은 생명력이 느껴진다. 물 오름 현상 덕분에 나무들이 곧 봄을 맞이할 준비를 하고 있다는 사실이 신비롭게 다가온다. 소나무들도 따스한 봄볕을 받으며 기지개를 켠 듯 푸르름을 뽐내고, 그 안에서 생동감이 물씬 풍긴다. 하늘은 청명하게 드러나 마치 가을 하늘을 옮겨다 놓은 듯 맑고 깨끗하다. 봄 하늘이 이토록 푸를 수 있다는 사실이 놀랍기까지 하다.

　산 아래로 내려다보이는 풍경은 말 그대로 그림 같은 장관이다.
　작은 산들이 점점이 갯벌 위에 떠 있는 것처럼 보이고, 수채화 같은 모습으로 맑은 햇살에 반사되어 가슴을 시원하게 열어준다. 자연이 주는 이 아름다움과 생명력 덕분에 마음마저 가볍고 상쾌해진다.

　산을 오르다 보니 좌측에 작은 바위 능선이 자리한 제1봉이 눈에 들어왔다. 일단 1봉은 나중에 들르기로 하고, 우리는 2봉과 3봉을 먼저 향해 나아갔다. 가파른 구간은 없었지만, 계단과 바윗길이 이어져 오르락내리락하는 구간이 반복되었다. 각 봉우리는 서로 가까이 얼굴을 맞대고 있어, 마치 껑충 뛰어서 금방이라도 도달할 수 있을 것 같은 거리였다. 그중 3봉이 가장 높은 봉우리로, 361.5미터 높이를 자랑했다. 비록 높지 않지만,

암릉들이 어우러진 풍경은 꽤 험준해 보였다.

그럼에도 긴장감이 도는 길은 오히려 매력적으로 다가왔다. 봉우리마다 작고 단정한 표시 석이 놓여 있었는데, 그 모습이 아담하고 사랑스러워서 보는 이의 마음을 즐겁게 했다.

우리는 어느새 후미 팀과 어깨를 나란히 하며 여유 있게 걸었다. 후미 대장을 비롯해 여덟 명이 깔깔 웃고 이야기를 나누며 산행을 즐겼다. 선두를 달리기보다는 함께 웃고 떠들며 자연 속에서 보낸 순간이 무엇보다도 소중하게 느껴졌다.

산의 웅장함과 멋을 만끽하기 위해 산을 찾기도 하며, 건강을 위해 산행을 시작하기도 한다. 그러나 진정한 산행의 이유는, 아마도 동행자들과 함께 나누는 작은 웃음과 행복이 아닐까 싶다. 산속에서 서로 마주 보며 웃고 깔깔거리는 순간들은 그 자체로 큰 즐거움이 된다. 그런 웃음이 자연 안에서는 결코 흉이 되지 않는다. 오히려 자연, 특히 산은 우리의 모든 아픔과 상처를 품어주고, 그리운 마음을 다독여주는 따뜻한 존재다. 그렇기에 산을 찾을 때마다 더 고맙고, 가슴이 뿌듯해진다.

마지막 8봉을 눈앞에 두고, 선두팀은 점심상을 차렸다. 우리 후미 팀은 8봉에서 인증 사진을 남기기 위해 배낭을 벗어두고 가벼운 걸음으로 다녀왔다. 짧은 거리에 마지막 인증 사진을 찍고 돌아와 모두 함께 라면을 나눠 먹었다. 산행 중에 맛보는 라면은 그야말로 특별한 즐거움이자, 산에서 누릴 수 있는 소소한 행복이었다.

자연 속에서 함께하는 시간은 더없이 소중하다.
산이 주는 위로는 우리가 느끼는 모든 것들을 편안하게 녹여주고, 새로운 힘을 불어넣어 주기 때문이다. 오늘도 280산악회와 함께하며 소소한 순간 속에서 감사를 느끼고, 행복을 가득 안고 돌아왔다.

봄

여름

가을

겨울

계곡 물소리는 우렁차게 산을 울리며, 마치 온 산이

숨을 고르듯 살아 꿈틀거렸다.

굽이쳐 흐르는 물줄기는 바위를 두드리며 장엄한

합창을 터트렸고, 우리의 웃음소리마저 그 장대한

울림 속에 스며들었다. 하늘을 가득 메운 나무들은

뜨거운 햇살을 가려주고, 그 사이로 흘러내린

한 줄기 빛은 더욱 눈부시게 반짝였다.

물소리와 바람이 어우러진 그늘 아래서 느낀 시원함은

그 어떤 피서지와도 견줄 수 없을 만큼 완벽했다.

과연, 이보다 더 좋은 곳이 또 있을까.

『산, 나의 그리움』 '민주지산' (113쪽)에서 발췌한 여름날의 기록

어찌 말로 다 표현할 수 있으리오
– 북한산 의상능선

2010. 5. 31.

북한산 의상능선에 서서 바라보면, 이 장엄한 풍경은 단순한 산의 형상이 아니라 창조주가 인간에게 선물한 위대한 예술 작품 같다는 생각이 든다.

산세의 웅장함은 거침없이 강인하지만 그 안에 깃든 고요함은 인간의 지친 마음을 위로하는 듯하다. 우리 26명의 발걸음이 그 능선에 닿는 순간, 마음 깊은 곳에서부터 경외심이란 감탄이 절로 흘러나왔다.

굵은 땀방울이 이마를 타고 흘렀지만, 그 순간 우리는 자연과 하나 되는 경험을 하고 있었다.

출발 지점에서부터 우리를 맞이한 것은 울창한 여름 숲이었다.

한 발 한 발 내디딜 때마다 숲의 상쾌한 향기가 코끝을 부드럽게 스쳤다. 공기가 얼마나 맑고 청량한지, 동료 '인생은 생방송' 님은 연신
"아, 정말 달콤하다"라는 말을 되뇌었다.

산속 공기의 시원함이 가슴 깊은 곳까지 스며들어 마치 자연이 우리에게 특별한 선물을 내어주는 것만 같았다. 그 느낌은 여느 과일의 신선함과도 바꿀 수 없을 만큼 맑고 순수했다.

날씨도 완벽했다. 뜨거운 햇살이 내리쬐지 않고, 적당한 기온이 우리의 몸을 감싸며 산행길에 어울리는 편안함을 선사했다. 그러나 능선을 오르는 길은 예상보다 험난했고, 온몸에 열기가 서서히 차오를수록 우리는 서로의 존재를 더 깊이 느꼈다. 혼자 오르는 산행과는 달리, 함께 하는 여정은 더 큰 배려와 양보가 필요했다. 선두에 선 사람은 뒤따라오는 이들을 위해 발걸음을 조정했고, 천천히 이어가는 이 순간들은 우리 산악회의 깊은 유대감을 새삼 느끼게 했다.

산행에서 느끼는 배려와 양보는 마치 우리의 인생을 닮아 있었다.
오르막과 내리막이 반복되는 산길처럼, 인생도 쉬운 길만 있는 것이 아니듯 함께 걸으며 조화를 이루는 순간, 우리는 참된 행복을 맛볼 수 있었다. 특히 산악회라는 이름 아래서 서로를 북돋우며 우리는 더 큰 힘과 위로를 얻었다.

점점 허기가 밀려오자 누군가 식사할 만한 자리를 찾아보자고 했다. 마침내 적당한 곳을 찾아 자리를 잡았지만, 후미 팀이 아직 도착하지 않아 잠시 기다리기로 했다. 기다림의 시간 동안 서로를 챙기고 배려하는 마음이 오가며, 산악회 특유의 따뜻한 정이 느껴졌다.

얼마 후 후미 팀이 도착했고, 드디어 모두가 함께 둘러앉아 음식을 나눴다. 산속에서 먹는 한 끼는 그 어떤 호화로운 식사보다도 값지고 특별했다. 간소한 음식이었지만, 모두의 정성과 온기가 담겨 더없이 맛있고 소중했다. 긴 기다림 끝에 후미가 도착하고, 드디어 모든 이가 함께 식사를 나눌 수 있었다. 회장님은 그 순간에도 유머를 잃지 않으셨다.

"현남이 대장이 여기서 밥상을 차리지 않았다면, 난 산악회 탈퇴할 뻔했다."라는 말씀에 모두가 박장대소했다.

이 유머는 단순한 농담이 아니라, 산행의 피로를 한순간에 잊게 만드는 달콤한 디저트 같은 순간이었다. 우리는 서로의 따뜻한 마음을 나누며 힘을 얻고, 길을 이어갔다.

하산길은 언제나 그렇듯 고된 과정이었다. 지쳐가는 발걸음과 무거워진 다리에도 불구하고, 우리를 둘러싼 자연은 여전히 장관을 이루고 있었다. 수십 년, 수백 년을 견뎌온 전나무들이 둘러선 산길은 마치 우리의 발걸음을 응원하는 듯했고, 그 순간만큼은 모든 고된 느낌이 사라진 듯했다. 어느새 주차장에 도착했을 때, 피곤함 대신 마음 깊은 곳에서부터 차오르는 성취감과 기쁨을 느꼈다.

　이번 산행은 단순히 산을 오르는 시간이 아니었다. 우리 모두에게 인생을 돌아보게 만드는 중요한 순간이었다. 완벽한 날씨, 그리고 동료들과 함께한 이 여정은 행복 그 자체였다. 산을 오르는 힘겨움 속에서도 서로에게 의지하며 나아갔던 그 시간이야말로 진정한 행복과 감사함을 느끼게 해주었다.

푸르름의 축제, 여름 산에서의
하루 – 지리산 바래봉

2011. 5. 16.

싱그러운 나뭇잎들이 잔잔히 물결을 이루려는 찰나, 어디선가 불어온 강한 바람이 초록빛 잎사귀들을 거세게 휘저으며 거대한 파도를 일으킨다. 그 초록빛 파도는 나뭇잎들뿐만 아니라 내 머리칼마저도 갈피를 잃게 만들며 산 전체를 휩싸고 넘실거린다. 춤을 추듯 흔들리는 나무들 사이로 여름의 강렬한 에너지가 흘러들어와 온몸을 감싸고, 마치 그 생동감이 내 안까지 전해져 활기로 가득 차오르는 느낌이다.

투명한 빛을 머금은 새잎들은 산의 부드러운 생명력을 고스란히 전해준다. 바람이 지나가며 여린 잎을 살짝 스칠 때면, 마치 "어서 자라 숲을 가득 채우렴"하고 속삭이는 것만 같다.

그러나 잠시 뒤 불어오는 급한 바람은 이 연한 새싹의 성장을 방해하듯 세차게 지나가고, 그 뒤에는 무더운 공기 속에서 숨 쉬는 초록빛의 향연이 펼쳐진다. 가끔 하늘에서 내리는 비는 달콤한 영양제처럼 새잎을 적셔주지만, 그것만으로 충분할지 아쉬운 마음이 든다.

여름 산은 이러한 숨 가쁜 순간들 속에서 조금씩, 또 힘차게 생명을 키워가고 있다. 여름 산은 오르내림의 반복을 통해 한층 더 깊고 짙어진 초록빛을 드러낸다. 정령치 휴게소에서 바래봉으로 이어지는 코스는 언뜻 보면 하산길처럼 느껴지지만, 실상은 끊임없이 오르락내리락하는 여정이다. 길 양옆으로 사람 키를 훌쩍 넘는 나무들이 햇살을 가리며 작은 오솔길을 만들어주고 있다.

　좁디좁은 길은 한 사람이 지나가기에도 벅찰 만큼 소박하고 아늑하다. 이 길을 걸을 때면 자연스레 앞뒤 사람을 배려하게 되고, 걸음을 맞추며 양보하는 마음가짐도 배운다. 숲의 속 깊은 생명력과 그 너른 품이 주는 교훈은 그 어느 때보다 크게 와닿아, 인내와 동행의 의미를 새기게 된다.

　나무들로 빼곡히 둘러싸인 여름 산길에서는 초록의 향기가 가득하다. 뜨거운 공기 속에서도 산속은 신선한 풀 내음으로 가득 차 있고, 발걸음을 뗄 때마다 들려오는 풀잎의 사각거림은 마치 자연이 연주하는 교향곡 같다. 하늘 높이 펼쳐진 나뭇잎들이 만드는 그늘은 초록의 큰 우산처럼 그 아래에 모인 우리를 시원하게 감싸준다. 짙고 깊은 초록빛의 풍경은 눈뿐 아니라 마음까지 맑게 해주고, 산행길 틈새로 보이는 푸른 풍경은 여름 산의 매력을 더욱 생생하게 전해준다. 여름산의 품에 한 걸음씩 깊이 들어갈수록 이 계절의 생명력이 온몸으로 전해지는 듯하다.

　산길의 신비로움은 발걸음마다 새롭게 다가오지만, 특히 바래봉에 가득 피어난 철쭉을 생각하면 마음이 더 설렌다. 산을 오를수록 몸은 점점 더 지쳐가지만, 철쭉을 만나고자 하는 기대감이 발걸음을 가볍게 만든다. 푸른 숲길을 지나며 느껴지는 생기 있는 새싹의 기운은 마치 봄이 아직 남아있는 듯한 착각을 불러일으킨다. 그 순간 여름과 봄이 어우러진 독특한 풍경 속에서 계절의 생명력을 온전히 느낀다. 철쭉의 생기 가득한 붉은빛이 저 멀리서부터 어서 오라고 손짓하는 듯해, 어느새 산길을 오르는 고단함조차 감미롭게 느껴진다.

오르막과 내리막이 교차하는 긴 능선을 오를 때마다 좁은 길에서 서로 길을 내주고 양보하는 순간들이 반복된다. 앞서가는 사람을 위해 한발 물러서거나, 마주 오는 사람에게 살짝 미소 지어주는 조용한 배려는 산행의 숨은 선물이다. 이렇듯 배려와 인내가 자연스럽게 몸에 배어갈 즈음, 우리가 만난 철쭉 군락은 아직 만개하지 않았음에도 그 자체로 충분히 아름다워 보인다. 피어날 철쭉을 기다리며, 지금의 모습 그대로 꽃을 감상할 수 있는 여유가 생겼다. 꽃이 피고 지는 자연의 주기를 바라보며, 계절을 맞이하는 기쁨이 새삼 크게 다가온다. 산은 그저 목적지가 아닌, 우리에게 삶의 속도를 조절하며 살아가는 방법을 조용히 가르쳐주는 곳이다.

산의 정상에 서는 순간, 방금 전까지 느꼈던 무거움과 피로가 거짓말처럼 사라지고 눈앞에는 초록빛으로 물든 능선과 푸른 산자락이 펼쳐진다. 멀리 이어진 나무들은 산들바람에 몸을 맡긴 채 춤추듯 일렁이며 장관을 이루고, 그 사이를 헤치고 온 산바람은 더운 여름 공기를 상쾌하게 식혀준다.

하늘과 맞닿은 이 자리에서, 마치 산과 내가 하나가 된 듯한 묘한 기쁨과 자유가 가슴을 채운다. 이 순간만큼은 자연이 주는 모든 에너지가 내 몸속을 흐르며, 우리가 자연의 일부로 살아가고 있음을 온전히 느낀다.

산은 그 자체로 하나의 세상이 되어 우리를 맞이하고, 그 품 안에서 누리는 평온이 말로 표현할 수 없을 만큼 소중하게 다가온다.

하산길에 접어들자 발걸음은 점차 무겁고 지루해지지만, 길 양옆으로 우뚝 서서 늘어선 전나무들이 그 짙푸른 빛으로 우리를 배웅해 준다.
산의 깊은 푸름 속에서, 무더운 여름날에도 어김없이 불어오는 시원한 산바람이 귓가를 스치며 잠시나마 쉼을 준다. 그 바람에 고단함은 어느새 사라지고, 오히려 산을 내려가는 아쉬움이 마음 한편에 자리한다.

길게 이어진 산길을 따라 드디어 주차장에 도착했을 때, 함께했던 이들의 웃음소리와 여름 산에서 누렸던 행복한 순간들이 가슴속에 잔잔한 여운처럼 남아, 다시 산을 찾고 싶게 만든다.

2주년 기념 산행 - 칠보산

2010. 7. 26.

　　280산악회 2주년 기념 산행을 앞두고 설레는 마음으로 나는 대야산을 목표로 출발했다. 새벽 5시 45분, 집을 나서며 비 소식이 있다는 예보를 떠올렸고, '우산을 챙길까 말까' 고민하다가 작은 우산 하나를 배낭에 넣었다. 하계역에서 나의 든든한 짝꿍 '깍쟁이'와 만났고, 청담역에 도착하니 또 다른 짝꿍 '멋쟁이 솔솔바람' 님도 합류했다. 혼자 이동할 때는 길게 느껴지는 거리도 함께라면 시간도 훌쩍 지나간다.

　　마음 맞는 이들과 한 목적지를 향해 가는 여정이 얼마나 즐거운지 새

삼 실감했다. 편안한 친구들과 함께여서 마음은 한결 차분해지고 자유
로웠다.

양재역에 도착하자 예상치 못한 폭우가 쏟아졌고, 발걸음이 자연스레
멈췄다. 우리는 소나기가 지나가기를 기다리며 잠시 여유를 가졌다.
이윽고 유경님과 게르다님이 합류하여 5명이 되었다. 비는 그치지 않았
고, 우리는 우산을 나눠 쓰며 종종걸음을 이어갔다.
그때, 멀리서 예비 우산을 들고 다가오는 월산님이 보였다. 그분의 배려
는 우리 모두에게 280산악회의 끈끈한 정을 다시 한번 느끼게 해주었다.

차에 올라 인원을 확인하니 38명이 모였다.
회장님은 "세 명의 탈영병(?)이 생겼다."고 웃으며 말했다.
찌라시 수석대장님이 후두염으로 참석하지 못한 소식에 마음이 아팠
다. 책임감이 큰 분이기에, 그분이 참석하지 못할 만큼 아팠을 거라 생각
하니 안타까운 마음이 들었다. 여우별님은 늦잠으로 참석하지 못했다는
이야기에 조금 웃음이 나기도 했다.

오랜만에 뵙는 분들이 많아 반가움이 컸다. 잠시 떠나 계셨던 280회원
들까지 함께해, 이번 산행은 2주년 기념에 더없이 특별한 의미가 더해졌
다. 서울을 벗어나자 비가 잦아들었고, 우리를 돕는 것처럼 오늘의 날씨
도 점점 맑아져 갔다.

대야산을 목표로 출발했지만 여러 사정으로 인해 칠보산으로 목적지를 변경했다. 영남방에서 11명, 호남방에서 5명, 총 16명이 새로 합류하면서 우리의 산행은 한층 더 활기를 띠며 시작되었다.

칠보산은 778미터의 높이로, 크게 힘들지 않은 산처럼 보였으나, 자욱한 안갯속에서도 오밀조밀 아름다운 모습이 엿보였다. 빗물을 머금은 나뭇잎들이 햇빛을 받아 반짝일 때마다, 산의 푸르름은 절정을 이루었고 숲은 한층 더 생동감 넘쳤다. 힘차게 뻗기도 하고, 때로는 구부러지거나 찌그러진 소나무들이 산길을 따라 서로 다른 포즈를 취하고 서 있었다. 그 모습들은 마치 산의 아름다움을 위한 조화 속에서 빛나는 하나의 작품 같았다. 수명을 다한 소나무들을 마주할 때는 안타까운 마음이 들기도 했다. 칠보산의 독특한 바위들, 버섯코바위, 안장바위, 거북바위 등도 각기 다른 모양새로 자리하고 있어 산의 개성을 한층 살려주었다.

아침빛님, 솔솔바람님, 호남방의 가을폭우님, 한교원님과 함께 길을 이끌었다. 아침빛님이 빠르게 걷는 바람에 숨이 찰 때도 있었지만, 그 순간조차도 선두에 선 자부심으로 가득 찼다. 하산길에 계곡을 만났을 때, 우리는 모두 동심으로 돌아갔다. 맑고 차가운 물속에 풍덩 빠져, 온몸의 피로를 한꺼번에 씻어내며 시원함을 만끽했다. 물장구를 치고 첨벙대며 웃음소리를 터트리는 모습이 어린아이 같았다. 시끌벅적한 웃음과 물소리가 계곡을 가득 채웠다.

영남방에서 준비한 오리백숙도 대접받은 기분이 들 정도로 푸짐하고 맛있었다. 메아리님과 아짐씨님이 준비한 16가지 약재가 들어간 오리백숙 덕에 올여름 무더위도 거뜬히 이겨낼 것만 같았다. 음식 준비에 도움을 준 게르다님의 따뜻한 마음에도 감동했고, 280산악회 가족들이 서로를 위해 베푸는 마음이 이날 산행을 더욱 특별하게 했다.

비가 오면 비에 맞춰, 눈이 오면 눈을 즐기며 언제나 긍정적인 에너지로 산행을 이끄는 회장님과 임원들, 그리고 회원들이 함께하는 280산악회. 2주년을 맞이한 이곳이 앞으로도 더 많은 사랑과 따뜻함이 머무는 행복의 공간이 되기를 간절히 소망해 본다.

꿩 대신 닭이면 어떤가
- 도드람산

2010. 9. 13.

연이은 우중 산행을 하던 어느 날, 이번만큼은 맑은 하늘 아래에서 편안히 걷고 싶다는 소망을 품었다. 한껏 맑은 하늘 아래 푸른 풀밭 위에 앉아 도란도란 이야기를 나누는 모습을 상상했다. 그러나 그 바람은 밤이 되면서 빗소리와 함께 서서히 사그라졌다.

주룩주룩 내리는 빗소리는 잠자리에 든 내 마음을 어지럽혔다. 이젠 그만 내려도 될 텐데, 하는 바람에도 비는 멈출 줄 몰랐다. 야속한 마음이 들었지만, 우리는 여름 내내 비바람 속에서 산행해 온 터라 망설임 없이 준비를 마치고 집을 나섰다.

양재에서 버스에 오르니 차 안은 평소와 달리 휑했다. 빈자리가 눈에 들어오자 마음 한편이 조금 쓸쓸해졌다. 오늘은 산악회 회원 41명 자리가 모두 채워지지 않은 것이다. 10명이 결석했는데, 아마도 비 때문일 것이다. 그러나 빈자리가 우리의 의지를 꺾을 순 없었다. 오늘만큼은 더 친밀하고 끈끈한 시간을 보낼 수 있을 것이라는 기대가 마음속에 자리했다.

버스가 출발한 뒤 차창 밖 풍경은 예상보다 심각했다. 물에 잠긴 논과 쓰러진 벼가 스쳐 지나가자 마음이 덜컥 내려앉았다. 농부의 딸로 자라온 나는 저 벼를 바라보는 농민들의 심정을 헤아릴 수 있었다. 한 해의 결실을 기다리며 수많은 노력을 기울였을 그들이, 물바다에 잠긴 논을 보며 느낄 고단함은 이루 말할 수 없을 것이다. 그 순간, 그저 하늘을 원망하는 수밖에 없었다. 자연이 주는 은혜만큼 가혹함도 주어진다는 것을 깨달으면서도 마음 한편이 참 씁쓸했다.

영월 구봉대산으로 향하던 버스는 빠르게 달렸지만, 차창 밖 풍경은 내내 마음을 무겁게 했다. 붉은 흙탕물이 세차게 흘러내리고, 작은 실개천마저 거대한 강처럼 불어났다. 구봉대산에 도착했을 때, 전날 밤과 새벽까지 내린 폭우로 산행이 어렵다는 소식을 듣고 불안감은 현실이 되었다. 계곡물이 너무 불어나 건널 수 없는 상황이었다. 기대했던 산행이 취소된 순간, 텅 빈 주차장이 이 상황을 더욱 실감 나게 만들었다.

아쉬움이 크게 밀려왔지만, 우리는 좌절하지 않았다. 늘 그랬듯 우리는 곧바로 다른 계획을 세우고 구봉대산을 뒤로한 채 이천의 도드람 산으로 향하기로 했다. 도드람 산은 해발 349미터의 구봉대산에 비해 나지막한 산이었다. 대안이 정해지자 차 안에서는 금세 웃음소리가 퍼져 나갔다. 사람들은 어떤 상황 속에서도 즐거움을 찾아내는 법을 알고 있었다. 특히 일지매님의 끊이지 않는 웃음소리가 분위기를 유쾌하게 만들었다. 280산악회와 함께한 시간 속에서 우리는 크고 작은 어려움을 이미 많이 겪어 왔기에, 이런 상황에서도 서로를 격려하며 웃음을 나눌 수 있었다.

　여주 휴게소에 들러 점심을 먹고 도드람 산으로 향하는 길은 한결 가벼워졌다. 한 그릇의 따뜻한 국밥이 몸을 데워주었고, 그동안 비에 젖어 움츠러들었던 마음도 온기를 되찾았다.

　도드람 산은 비록 낮은 산이지만, 그곳에는 소박한 전설을 품고 있었다. 전설에 따르면, 한 효자가 병든 어머니를 위해 석이버섯을 따다 절벽에서 떨어질 위기에 처했으나 돼지 울음소리를 듣고 목숨을 구했다는 것이다. 이 효자의 전설은 산을 오르며 떠오르는 교훈을 전해주었다.

도드람 산에 도착하니 하늘이 잠시 미소를 짓는 듯했다. 먹구름이 여전히 하늘을 덮고 있었지만, 언제 다시 비가 쏟아질지 모르는 상황 속에서 우리는 우의를 챙겨 입고 산행을 시작했다. 산길은 이미 빗물로 인해 계곡처럼 변해 있었고, 우리는 물길을 헤치며 천천히 올라갔다. 평소라면 꺼려질 상황이었지만, 물길을 걸으며 발을 담그는 이 산행이 오히려 새롭고 상쾌하게 느껴졌다. 우리는 자연이 주는 도전과 보람을 온몸으로 체험했다.

정상에 이르자, 시원한 바람이 마치 자연이 우리를 반겨주는 듯 불어왔다. 해발이 높지 않은 산이었지만, 느껴지는 상쾌함과 성취감은 여느 높은 산에 뒤지지 않았다. 이 순간, 산의 높고 낮음이 중요한 것이 아니라 그곳에서 느끼는 감정과 경험이 더 중요하다는 것을 깨닫게 되었다. 비록 작은 산이었지만 우리는 자연이 주는 선물을 충분히 만끽할 수 있었다.

산행을 마치고 돌아오는 길에 차창 밖으로 노을이 물들기 시작했다. 붉은 노을 빛이 하늘을 감싸며 평화를 선사했다. 오늘 하루의 끝을 알리는 그 빛을 바라보며, 내일은 비가 그치고 맑은 하늘이 찾아오기를 바라는 마음으로 작은 기도를 올렸다. 농부들의 애타는 마음도 위로받길 바라며, 저 들녘의 벼들이 고개를 들고 다시 일어설 수 있기를 기원했다.

비록 계획했던 산행은 이루어지지 않았지만, 우리는 만족스러운 하루를 보냈다.

　산악회 회장님과 스태프들의 세심한 준비 덕분에 안전하게 산행을 마칠 수 있었고, 그들의 헌신에 깊은 감사를 드린다.

　오늘 하루도 우리는 웃음과 행복으로 가득한 시간을 보냈다. 산은 언제나 우리에게 소중한 기억을 남겨주고, 오늘도 그 기억 속에 새로운 추억을 더했다.

사량도에선
엔돌핀 과배출

늦은 밤, 고요한 집 안에서 나는 급히 배낭을 챙기며 마음속에서 피어오르는 설렘을 느꼈다. 평소처럼 새벽을 맞이하며 떠나는 산행이 아니라, 이번엔 오랜만에 떠나는 무박 산행이었다. 한동안 잊고 있던 무박 산행에 대한 피로와 어수선함이 떠오르며 살짝 망설임이 일기도 했다. 솔직히 말해, 그 불편했던 기억이 여전히 마음 한구석을 누르고 있었다. 그러나 가슴속 깊은 곳에서 다시 한번 그 밤을 뚫고 산을 오르고 싶은 도전의 열망이 피어올랐고, 설렘과 긴장감이 교차하는 사이, 나는 천천히 배낭을 정리하며 자신에게 질문을 던졌다.

'어떤 새벽이 나를 기다리고 있을까?'

이번 산행에는 여유님과 함께 하기로 했다. 280산악회의 첫 산행에 나서는 여유님을 하계역에서 만나기로 했는데, 출발 직전까지 답장이 없자 작은 불안이 고개를 들었다. 혹시 시간을 잊었을까, 아니면 무슨 일이 생겼을까 하는 걱정이 꼬리를 물었다.

그러나 정해진 시간에 정확히 도착한 여유님을 만나 서로 작은 미소를 나누며 인사를 건넸다.

양재역까지 이어지는 한 시간이 넘는 지하철 여정도 동행 덕분에 훨씬 짧게 느껴졌다. 우리는 이야기하며 긴장감을 풀고 함께할 여정에 대한 기대감을 나누었다. 산행은 이렇게 누군가와 함께 한다는 사실만으로도 이미 절반의 기쁨을 선사한다.

양재역에 도착한 우리는, 무박 산행의 시작을 알리는 버스에 올라탔다. 버스가 출발하자 창밖으로 보이는 서울의 불빛들은 점차 멀어져 가고, 나는 그 도시의 반짝임에 잠시 작별 인사를 건넸다. 의자에 기대어 준비해 온 담요와 목베개로 자리를 잡고 눈을 감았다. 자리가 비좁았음에도 그마저 감사하게 느껴졌다. 밤길을 달리는 버스 안에서 잠을 청해보려 애써도, 마음 한편에는 산을 향한 설렘과 긴장이 가득 차 있어 쉽사리 잠들지 못했다. 어쩌면 이 순간은 산을 만나기 전 고요한 준비의 시간일지도 모른다. 자연과의 만남을 기대하는 이들의 잔잔한 흥분이 차 안 가득 퍼져, 산행의 첫 발자국을 내딛기 전 설렘을 함께 공유하고 있었다.

새벽 4시 무렵, 마침내 삼천포항에 도착했다. 바깥공기는 아직 밤의 차가운 기운을 품고 있었지만, 우리는 기대에 찬 눈빛으로 서로를 바라보며 몸을 풀기 시작했다. 조금 더 눈을 붙이라는 안내가 있었지만, 나는 산행에 대한 기대감으로 가슴이 벅차 도무지 잠이 오지 않았다. 콩나물해장국으로 아침 식사를 마친 후, 우리는 5시 45분에 항구로 이동했다.

차가운 바닷바람을 맞으며 항구에서 기다릴 때, 저 멀리서 붉은 빛이 서서히 하늘을 물들였다.

　6시 정각, 배가 부드럽게 항로를 열며 새벽 바다를 가르기 시작했다. 저 멀리 수평선 위로 떠오르는 태양은 밤새 내려앉은 구름을 부드럽게 밀어내며 서서히 그 존재감을 드러냈다. 일출을 맞이하려는 듯, 배 안에 있던 사람들은 하나둘 갑판으로 나와 바다 쪽을 바라보며 숨을 죽였다. 태양이 물결 위로 찬란히 솟아오르는 순간은 가히 말로 표현할 수 없는 경이로움 그 자체였다. 찰나에 온 세상이 붉은 빛으로 물들며 새로운 하루가 시작되는 장면 앞에서 우리는 모두 말없이 감탄할 수밖에 없었다. 그 순간은 자연의 신비와 아름다움이 고스란히 우리의 마음에 각인되는, 평생 마음에 남을 소중한 순간이었다.

50분 정도의 항해 끝에 사량도에 도착했다. 첫발을 내딛는 순간, 여기는 단순한 목적지가 아니라 새로운 경험이 기다리는 장소라는 것을 직감했다. 철가면님의 인도를 따라 준비운동을 하며 몸을 풀었다. 사량도의 공기는 맑고 시원했으며, 이 섬이 간직한 자연의 아름다움이 천천히 눈앞에 펼쳐졌다. 드디어 산행이 시작되었고, 우리는 능선을 따라 오르기 시작했다.

능선을 걷는 동안 내내 바다와 산이 어우러진 풍경이 시선을 사로잡았다. 거대한 바위산이 병풍처럼 둘러싸인 채 우뚝 서 있었고, 그 아래 펼쳐진 바다 위로 고깃배들이 흰 물거품을 일으키며 바삐 움직이고 있었다. 바람이 불어오면 파도가 일렁였고, 그 소리는 마치 자연의 교향곡처럼 들렸다. 모든 것이 완벽한 조화 속에서 이루어지고 있는 듯했다. 이 순간, 내가 서 있는 이곳이 세상 어디보다도 평화롭고 아름답다는 생각이 들었다. 자연의 품 속에서 온전히 나 자신으로 존재할 수 있었다.

위험한 바윗길을 선택해 오르내리면서도 나는 두려움보다는 도전에 대한 설렘을 느꼈다. 산과 바위, 바다가 어우러진 이곳에서의 경험은 단순한 산행을 넘어선 모험이자 자기 성찰의 시간이었다. 자연 속에서의 도전은 나를 더욱 강하게 만들었고, 동시에 자연 앞에서 나의 작은 존재를 겸허히 받아들이게 했다. 모든 것이 계획된 듯 아름답게 흘러갔고, 나는 그 흐름에 몸을 맡겼다.

하산 후 점심시간에 수정하나님과 일행들의 유머가 빛을 발했다. 한바탕 크게 웃으며 함께한 이들 덕분에 피로는 거짓말처럼 사라지고 마음은 한없이 가벼워졌다. 점심 식사 후에도 우리들 사이의 화기애애한 분위기는 이어졌고, 서로가 서로에게 큰 힘이 되었다.

이날의 사량도 산행은 단순한 하루가 아니었다. 자연 속에서 얻은 감동과, 함께한 사람들과의 따뜻한 교류가 나에게는 더없이 소중했다. 산과 바다의 조화로운 아름다움은 내 마음을 울렸고, 그곳에서의 순간순간은 평생 잊지 못할 추억으로 남을 것이다. 280산악회의 동료들과 함께한 이 시간이 얼마나 큰 의미를 지니는지, 그리고 그들과의 인연이 얼마나 소중한지를 다시금 절실히 느낄 수 있었다.

철마는 달리고 싶다
– 고대산

2011. 5. 23.

"철마는 달리고 싶다"

역사의 뼈아픈 상처로 멈춰 선 경원선 철도의 중단점과, 고대산에서 바라본 철원평야는 평화와 아픔이 교차하는 장소였다.

고대산 정상에서 그 모든 풍경을 한눈에 담을 수 있다는 이유만으로, 나는 망설임 없이 산행에 나섰다. 어느 산이든 특별히 어려운 일이 없으면 어김없이 산을 찾는 것이 내 일상의 일부다. 오락가락하던 비도 마침내 그쳤고, 야외활동에 청신호를 켜준 예보에 힘을 얻어 가벼운 마음으로 일요일을 기다렸다.

동두천역에 16명이 모여 하나가 되었다. 경원선 열차에 올라타며 이리저리 흩어져 좌석에 앉은 우리는 잠시 흩어졌지만, 산행 대장님이 '열차에서는 삶은 계란'이라는 옛 추억을 되살리겠다며 삶아온 따끈한 계란 덕분에 금세 하나가 되었다. 적당히 반숙이 된 계란이 오늘따라 유난히도 맛있었다.

사실 나는 삶은 계란을 별로 좋아하지 않지만, 오늘만큼은 달랐다. 대장님의 섬세한 배려가 감동이었다. 그분의 따뜻한 마음씨를 보며 나의 부족함을 조용히 돌아보게 되었다. '사람들을 아끼고 배려할 줄 아는 깊은 마음을 가지는 일이 참 쉽지 않구나', 하는 생각도 들었다.

산 초입에 들어서자 키 큰 나무들이 울창한 숲을 이루며 햇살을 막아섰다. 개방된 지 얼마 되지 않은 산이라 자연이 그대로 보존된 모습이었고, 나뭇가지 사이로 비치는 햇살이 빛을 반짝이며 눈부시게 찬란했다. 어제까지 내렸던 비로 산길은 촉촉하게 젖어 푹신한 쿠션처럼 느껴졌고, 살짝 미끄럽지만 질척이지 않아 산행하기에 적당했다. 비에 씻긴 나뭇잎들은 한층 더 싱그러워 온 산이 초록빛으로 물들어 있었다. 자연의 푸르름 속에서 지친 눈과 마음이 생기를 되찾아가는 기분이었다.

처음엔 가볍게 발걸음을 내딛던 등산로가 이내 예상치 못한 급경사로 이어졌다. 갑작스러운 오르막에 숨이 턱턱 차오르고, 다리마저 무거워져 아침 일찍 먹은 새벽밥의 든든함도 어느새 사라졌다.

"힘들다"라고 하소연하자, 유경은 환하게 웃으며

"약한 척하지 말라, 누구한테 잘 보이려고 그러냐?"라며 장난 섞인 핀잔을 던진다. 그 말에 변명도 해봤지만, 그녀는 여전히 장난기 어린 미소로 흘려보낸다.

사실 나 또한 쉽게 약한 모습을 보이지 않는 성격이다. 주위 사람들은 내 강인한 모습을 두고 "철인 같다"라고 말할 정도니까.

그러나 이러한 순간들 속에서, 서로가 서로에게 가볍게 던지는 농담과 지지가 큰 힘이 된다. 잠시 마음의 여유를 찾고 나니, 다시 한번 힘을 내 오르막을 향해 발걸음을 내딛게 된다.

산이 가파를수록 산행은 오히려 더욱 칼칼하고 톡 쏘는 맛이 느껴지는 매력이 있다. 땀구멍이 활짝 열리며 온몸에 습기와 햇볕이 어우러져 땀이 비 오듯 쏟아졌다. 그 땀방울들이 몸속의 노폐물을 씻어내는 듯 상쾌했다. 정상에 가까워질수록 몸과 마음이 한결 가벼워지며 산행의 즐거움을 만끽할 수 있었다. 깔딱 고개를 넘고 나니 오랜만에 만난 여유님이 반갑게 인사를 건넸다. 짧은 재회였지만 반가운 마음을 사진 몇 장으로 남기고, 그는 이내 다른 길로 바삐 떠났다.

마침내 정상에 도착해 바라본 풍경은 정말이지 말로 다 표현할 수 없을 만큼 아름다웠다. 철원 평야가 바둑판처럼 반듯하게 정돈된 모습으로 한눈에 들어왔다. 벌써 모내기가 다 끝난 듯한 고요한 들판이 펼쳐져 있었다. 초록빛 능선이 물결처럼 굽이치며 흘러내리는 풍경은 한 폭의 수묵화처럼 고요했다. 특별한 경관이 없어도, 5월의 산은 푸르름 그 자체로 충분히 아름답다.

멀리 북한이 보인다고 했지만, 나는 북한 경계선이 어디인지 분간되지 않았다. 중부전선 최북단에 위치한 고대산에서, 간간이 보이는 군인들의 모습이 북한과 가까운 이곳의 위치를 실감하게 했다.

우리 일행은 도란도란 이야기를 나누며 산을 올랐다. 농담을 주고받으며 웃음꽃이 피었고, 예쁜마미님과 대박님의 재치 있는 농담 덕분에 도파민과 엔도르핀이 솟구쳤다. 누군가가 듣기엔 자칫 상처가 될 만한 농담도 우리에겐 사랑으로 다가왔고, 웃음 속에 녹아 버렸다. 우리의 웃음은 충분한 소화제가 되어 주었고, 화기애애한 분위기를 만들어주었다. 마치 나무와 풀들도 우리와 함께 웃는 듯한 기분이었다.

덜컹덜컹 달리는 작은 기차는 산행을 마치고 돌아오는 길, 또 하나의 소중한 추억을 만들어 주었다. 기차 안은 나물과 약초를 캐러 가는 어르신들과 산행을 마친 사람들로 가득 찼고, 그 분위기 속에는 소박한 웃음과 따스한 대화가 오갔다.

현남이님은 앞에 앉아 계시던 어르신께 자리를 양보했고, 이내 내리시던 또 다른 어르신께서 다가와 "노인들에게 자리를 양보해 줘서 고맙네"라며 따뜻하게 웃음으로 인사를 건네셨다. 그 말을 들은 현남이 대장님의 얼굴이 수줍게 붉어졌고, 우리는 언제나 듬직하고 배려 깊은 모습으로 우리를 이끄는 그를 새삼스럽게 존경스러운 눈빛으로 바라보게 되었다. 이렇게 소소한 순간 속에서 우리는 서로의 진심을 느끼고, 사람 간의 정을 배운다. 산행만큼이나 돌아오는 길은 또한 또 다른 이야기를 만들어주고, 마음을 풍성하게 채워주는 시간이었다.

고대산은 예전부터 꼭 한 번 가보고 싶었던 곳이었다. 추억의 기차 여행과 멋진 산행을 함께한 오늘, 나는 행복으로 가득 찬 하루를 보냈다. 좋은 사람들과의 하루가 나를 조금 더 나답게, 그리고 더 행복하게 만들어준다는 걸 새삼 깨닫게 한 하루였다.

변하지 않고
기다려준 고마운 도봉산

2011. 6. 21.

오랜만에 도봉산을 만나러 가는 길, 오랜 벗을 만나러 가는 듯 가슴이 설렜다. 오늘 하루는 한여름 땡볕이 강하게 내리쬔다는 예보가 있었지만, 도봉산이 넉넉한 그늘과 시원한 바람으로 우리를 맞아줄 거라는 기대가 더 컸다.

아침 9시에 도착해 익숙한 얼굴들을 찾아 주위를 두리번거렸지만, 낯익은 모습들이 보이지 않아 약간 당황스러웠다. 혹시 약속 장소를 잘못 알고 헤매는 건 아닐까 싶어 매표소까지 걸어 올라갔다가 다시 내려오기도 했다. 넓은 광장 곳곳을 오가며 부지런히 눈을 굴렸지만, 여전히 가족 같은 동료들의 모습이 보이지 않았다. 산을 향한 기대와 설렘 속에서 막연히 기다리며 도봉산의 웅장한 기운을 느껴보았다.

얼마나 기다렸을까... 드디어 리딩대장인 대장균대장님이 저 멀리서 모습을 드러냈다. 반가운 마음에 손을 흔들며 맞이했지만, 동시에 묘한 부끄러움도 스쳐 갔다.

알고 보니 오늘의 집합 장소는 내가 서 있던 곳보다 저 아래 파출소 앞이었다는 사실을 뒤늦게야 깨달았다. 늘 자주 찾던 도봉산이었는데, 만남의 장소마저 헷갈릴 줄이야. 잠시 민망한 마음과 함께, 대장님께 조금 면목이 없기도 했다.

사실 나는 도봉산을 늘 혼자 올랐었기에, 정해진 집합 장소를 유심히 챙겨 본 적이 없었다. 그저 익숙한 경로만을 걷던 나였기에, 오늘처럼 다른 이들과 함께하는 자리에서 익숙한 풍경이 오히려 낯설게 느껴졌다. 무심히 지나치던 장소들이 이제는 또 다른 의미로 다가왔고, 앞으로는 주변을 좀 더 세심히 살피며 살아가야겠다는 생각이 들었다. 익숙함 속에서도 새로운 시선으로 바라볼 수 있는 여유를 가져야겠다는 작은 다짐을 품으며, 오늘 산행의 첫걸음을 내디뎠다.

만남의 장소로 이동하니 반가운 얼굴들이 먼저 와 있었다.

사월비님과 소여니님이 그늘 속에서 기다리며 시원한 담소를 나누고 있었다. 아직 도착하지 않은 일행들을 기다리며 오늘 산행의 설렘이 배가 되었다. 오늘의 산행 멤버는 총 14명으로, 대장님과 회장님을 비롯해 찌라시 총대장님, 미남대장님, 미인대장님, 유경님, 두손 모아님, 엄지님, 사월비님, 가이버님, 하얀손님, 소여니님, 함초롬이가 함께했다. 단란한 인원이어서인지, 하나하나 이름을 기억하는 것도 어렵지 않았다. 서로의 얼굴에 담긴 반가움과 기대가 오늘 산행을 더욱 따뜻하게 만들어 주는 순간이었다.

　도봉산은 언제나 느끼지만, 가까운 시내에서 편하게 접근할 수 있어 사람의 발길이 끊이지 않는 곳이다. 나 역시도 한때 매주 도봉산에 오르며 자취를 남겼던 기억이 새록새록 떠오른다.

　여름 산은 언제나 발걸음을 더디게 한다. 짙은 그늘 속에서도 숨소리는 거칠어지고 이마를 타고 흐르는 땀을 닦아내느라 손길은 쉴 새가 없다. 그래서인지 발걸음을 자주 멈춰 숨을 고르게 된다. 쉼의 여유를 자주 갖다 보면 마음은 어느새 편안해지고, 문득 나무들 사이로 흘러나오는 새들의 노랫소리가 귀에 닿는다. 그 새소리는 악보도 오케스트라 악단도 없이도 늘 완벽한 하모니를 만들어 낸다. 가끔은 목이 쉴 법도 한데, 그 작은 존재들은 한결같이 산속을 음악으로 채우고 있었다. 산을 오르며 맞닥뜨리는 풍경과 소리들이 새삼 고맙게 느껴졌고, 나 역시 그 자연의 일부가 되어 숨 쉬고 있다는 생각이 들었다.

　포대능선을 지나 Y 계곡에 다다르기 전, 우리는 잠시 멈춰 시장기를 달래기로 했다. 화사한 햇살 아래 펼쳐진 밥상은 마치 진수성찬처럼 보였다. 소여니님이 정성스럽게 준비해온 장아찌들이 그 주인공이었다. 죽순, 머위, 취나물, 미나리, 매실, 그리고 산뽕잎까지, 색색의 장아찌들이 조화로이 어울려 밥상을 눈과 입이 즐기는 연회로 만들었다.

　소여니님의 손길을 거쳐 맛있게 변신한 장아찌들은 입맛을 한껏 돋우었고, 그 덕분에 우리 모두는 즐거운 식사를 할 수 있었다. 식사를 하며 나누는 이야기들은 더욱 풍성해지고, 한 입 한 입에 담긴 자연의 맛은 우리의 마음을 더욱 풍요롭게 했다. 하지만 가벼워진 배낭과 달리, 불룩해진 배는 새로운 고민거리로 다가왔다. 든든하게 배를 채운 덕분에 몸은 힘을 얻었고, 우리는 다시 힘차게 Y 계곡을 향해 발걸음을 옮겼다. 자연 속에서 나누는 이 소중한 순간들이, 우리의 마음에 잊지 못할 추억으로 남길 바라며 말이다.

Y 계곡은 다소 험하고 위험해 보였지만, 잘 설치된 안전 로프 덕분에 마음을 놓고 도전할 수 있었다. 앞뒤로 든든한 동료들이 함께해 주니, 두려움이 사라지고 자신감을 가지고 발을 내디딜 수 있었다. 처음으로 Y 계곡에 온 유경님은 산행의 짜릿한 기분에 들떠 있었고, 그녀의 얼굴에는 스스로 해냈다는 자부심이 가득했다. 그 순간, 우리는 모두 그녀를 향해 따뜻한 박수를 보냈다. 처음 겪는 험한 지형에서도 두려움을 이겨내고 도전한 유경님의 모습은 우리 모두에게 큰 감동을 주었다.

자연 속에서의 이런 도전은 단순한 산행을 넘어 서로의 응원과 격려가 얼마나 중요한지를 다시 한번 깨닫게 해주었다. 그렇게 Y 계곡을 지나며 우리는 서로의 힘이 되어주고, 각자의 한계를 넘어서기 위해 함께 나아가는 순간을 공유했다.

최종 목적지인 신선대에 도착하니 이미 많은 사람들이 모여 있었다.

발 디딜 틈조차 없어 보였지만, 우리는 자운봉을 배경으로 인증샷을 찍기 위해 틈을 비집고 들어갔다.

비좁은 공간 속에서도 기념이 될 순간을 놓치지 않으려는 마음이 간절했다. 주변 경관을 살펴볼 겨를도 없이, 이내

"방 빼!"

라는 외침이 울려 퍼지며 서둘러 그곳을 빠져나와야 했다. 순간의 여유를 즐기기보다, 사람들의 흐름에 따라 빠르게 움직여야 했던 아쉬움이 남았지만, 자운봉의 당당함은 그 자체로 여전히 우리의 마음에 깊은 인상을 남겼다. 주변의 분주함 속에서도 자연의 품에서 느낄 수 있는 경이로움이 있었기에, 우리는 다시 한 번 도봉산의 매력을 확인할 수 있었다.

　인증샷을 남기고 바쁜 일상으로 돌아가야 한다는 사실이 아쉽기도 했지만, 함께한 시간은 언제나 소중하다는 것을 느끼며 여정을 계속 이어갔다.

　내려오는 길에 시원한 계곡물이 그리웠지만, 가뭄 탓에 흐르는 물은커녕 작은 물웅덩이조차 찾기 어려웠다. 결국 올챙이들이 노니는 작은 웅덩이를 발견했다. 물속에 발을 담그며 한 걸음 나아가자, 간절함 끝에 맛보는 시원한 물의 감촉에 잠시 잊고 있던 기쁨이 되살아났다. 비록 물이 고여 있어 비린내가 나기도 했지만, 뜨거웠던 발을 식힐 수 있어 모두 만족해 했다. 옆에 있는 친구들의 웃음소리와 함께 나누는 이 순간은 단순한 물놀이를 넘어서, 더위를 이겨내고 함께 나눈 작은 행복의 상징이었다. 각자 고된 산행의 피로를 잊고, 물속에서의 소소한 즐거움에 빠져드는 동안 자연스럽게 더 가까워진 우리의 우정도 다시금 느낄 수 있었다. 그렇게 작은 웅덩이에서의 순간이 우리의 여정을 더욱 특별하게 해주었다.

　오늘은 작은 행복을 찾아 떠난 하루였다. 도봉산은 온화한 모습으로 우리를 맞이했고, 우리는 그 환영에 화답하듯 산행을 즐겼다. 비지땀을 흘리며 거친 숨을 고르면서도, 얼굴 가득 미소를 머금은 우리 280산악회의 가족들 덕분에 하루 내내 마음이 따뜻했다. 정과 사랑이 넘치는 회원들 덕분에 오늘도 정말 멋진 시간을 보냈다. 마지막까지 함께 웃고 격려하며, 나는 이 하루를 감사한 마음으로 마무리 할 수 있었다.

하늘이 펼쳐준 잔치
– 지리산 반야봉

2011. 10. 24.

지리산 피아골로 떠나는 무박 산행을 앞두고, 마치 소풍 전날 설레는 아이처럼 마음이 들떠 있었다. 무박 산행이 몸에 무리가 갈 거라는 생각도 있었지만, 이번에는 지리산 피아골의 단풍이 그 모든 망설임을 덮었다. 나는 마음속으로 되뇌었다. 누가 무박 산행에 두려움을 가질 수 있겠는가! 그게 나일 리는 없지!

밤 11시, 약속 장소인 양재역에 도착했을 때 우리의 버스는 원래 예정된 파란색이 아닌, 단풍처럼 붉은 청룡 관광버스였다. 처음엔 다른 팀인가 했지만, 잠시 후 회장님과 선행 팀이 버스에서 내리면서 반갑게 맞아주었다.

"단풍 구경 가는 만큼 차도 단풍색으로 골라오셨네요!"

덕분에 출발 전부터 환한 웃음이 피어났다. 41인승 버스의 넉넉한 좌석은 이번 긴 여정에 꼭 맞는 편안함을 주었다.

어두운 버스 안, 모두 잠을 청하려 애썼다.

이따금씩 들려오는 숨소리가 고요한 버스 안에 잔잔히 퍼졌다. 내일의 산행을 위해 불편한 자리에서도 억지로 잠을 청하는 동료들의 모습에서 묵묵히 서로를 응원하는 마음이 느껴졌다. 시곗바늘처럼 열심히 달리는 버스 속에서 어느 순간 눈을 떠보니, 회장님의 마이크 소리가 들렸다.

"숙박비도 안 냈으니 이제 그만 일어나야죠!"

어느새 새벽 3시 20분이었다.

김밥과 따뜻한 된장국으로 간단히 속을 채우고, 3시 50분쯤 출발해 성삼재로 향했다. 새벽하늘을 올려다보니, 마치 별들이 손을 뻗으면 닿을 듯 가까이에서 환히 빛나고 있었다. 하늘을 가득 메운 오리온자리와 북두칠성, 그리고 카시오페이아의 별무리가 이 새벽을 신비롭게 물들였다. 평소 서울 하늘에서는 상상조차 할 수 없던 이 장관 앞에서, 마치 별들의 고향에 온 듯한 벅찬 감동이 밀려왔다. 별들이 서로 부딪히지 않고 묵묵히 제 자리를 지키며 운행하는 질서를 바라보자, 그 속에서 작은 존재로서의 감사함이 일렁였다. 그 찬란한 별빛 아래서 나는 문득 생각했다. 어쩌면 우리의 삶도 저 별들처럼 각자의 궤도를 따라 조용히 빛나고 있는지도 모른다고.

별빛 아래, 우리는 노고단을 향해 발걸음을 옮겼다. 앞에서는 여유님의 랜턴 불빛이, 뒤에서는 청궁님의 불빛이 길을 비추며 우리를 이끌었다. 빛이 되어주는 동료들의 배려 속에서 반야봉을 향한 여정은 그 자체로 잊지 못할 감동이었다.

얼마 후, 동쪽 하늘이 희미하게 밝아오기 시작했다. 숨이 턱까지 차오르는 순간에도 발걸음을 멈출 수 없었다. 마침내 반야봉 정상에 가까워질 무렵, 태양이 붉은빛을 토해내며 지평선 위로 솟아오르기 시작했다. 눈앞에서 펼쳐지는 일출은 그저 장관이었다.

"와~!" 탄성과 함께 붉게 타오르는 태양을 바라보며, 가슴이 벅차올라 행복과 감사의 마음이 가득 찼다. 모두가 그 순간의 가치에 감동하며 "오늘의 무박 산행은 이 일출 하나로 충분하다"라며 입을 모았다.

일출을 만끽한 뒤, 우리는 하산을 시작했다.

삼도봉에 이르러 세 도(道)가 만나는 지점에 깃든 의미를 되새기며, 지리산의 품 안에서 자연과 역사를 함께 새겼다.

　피아골 계곡으로 내려가며 드디어 단풍과의 첫 만남이 시작되었다. 아침 햇살에 아직 붉은 물결은 완전히 물들지 않았지만, 우리의 환한 미소가 그 자리를 채웠다. 여유님의 카메라 셔터 소리가 가을의 풍경과 우리의 행복을 차곡차곡 담아냈다.

　마침내 피아골 계곡에 다다르자, 그곳은 말 그대로 한 폭의 수채화 같았다. 계곡물에 비친 붉은 단풍과 사람들의 웃음소리가 어우러져 마치 자연과 인간이 한데 어우러진 장관을 이루고 있었다. 계곡물에 발을 담그니 뼛속까지 시원한 상쾌함이 퍼졌다. 여유님은 머리까지 물에 담그며 이 순간을 온전히 만끽했다. 우리는 자연과 하나 되는 기쁨을 누리며, 오늘 하루의 모든 순간을 진심으로 즐겼다.

　길고 험난했던 이번 무박 산행은 그 어떤 여정과도 비교할 수 없는 아름다운 경험으로 남았다. 새벽하늘을 가득 채운 별빛, 가슴을 벅차오르게 했던 일출, 그리고 가을빛으로 물든 피아골의 단풍. 피곤함이 밀려오기도 했지만, 오늘 하루는 그 모든 것을 잊게 할 만큼 풍성하고 아름다웠다. 함께한 동료들 덕분에, 이 순간은 그 무엇과도 바꿀 수 없는 소중한 추억으로 남았다.

삼형제 봉우리
– 예봉산, 적갑산, 운길산 종주

2012. 5. 3.

'띠리링 띠리링~~~'
낯익은 번호에서 걸려온 전화였다.
"아, 대장님!"
노루웨이 대장님이 상봉역에서 만나려 했는데, 뜻밖에 생긴 상황으로 전철 첫 칸에서 만나자고 하셨다. 집을 나섰지만 오늘따라 발걸음이 무겁게 느껴졌다.

예봉산, 적갑산, 운길산을 잇는 종주 산행이 떠오르며 살짝 긴장되었나 보다. 지난번 이 코스를 올랐을 때 만만치 않았던 기억이 자연스레 발걸음을 더디게 만들었을 것이다. 하지만 내가 누구인가!
해내고야 마는 성격 아니던가! 무거운 마음을 툭툭 털어내고
"할 수 있다!"는 자신감을 가득 안고 출발했다.

상봉에 도착했지만, 아는 얼굴이 보이지 않았다. 작년 이맘때쯤 이곳에

서 많은 산행 동료들과 출발했던 기억이 스쳐 지나갔다. 오늘은 혼자 등산복 차림으로 서 있는 내 모습이 어딘가 외톨이처럼 느껴졌다. 아마 너무 일찍 도착한 탓이었을 것이다. 9시 13분 차를 기다리며 스쳐 지나가는 사람들의 모습을 멍하니 바라보니 추가시간이 길고 지루하게 느껴졌다. 9시쯤 전철 첫 칸에 줄을 섰다.

15분 후 전철이 도착했지만, 사람들로 이미 꽉 차 있었다. 자전거까지 동승해 더욱 비좁아 몸을 움직이기도 힘들었다. 그 와중에도 등산용 의자를 펼치고 간식을 나누며 여유를 즐기는 사람들의 모습이 눈에 들어왔다. 나는 최대한 몸을 좁혀 기둥에 기대고 있는데, 다시 전화벨이 울렸다.

"안 보이네, 어디야?" 노루웨이 대장님이 찾으신다.

나는 첫 칸에 있지만 꼼짝할 수 없는 상황이라 팔당역에서 만나자고 했다. 30여 분을 정지된 자세로 서 있다 보니 온몸이 굳어가는 듯했다.

드디어 팔당역에 도착! 후유~~! 쇠고랑에서 풀려난 듯한 자유로움에 날아갈 듯한 기분이었다. 반가운 산행 동료들을 만나니 기쁨이 배가 되었다. 수정하나 총대장님은 아침을 거르고 나온 일행들을 위해 삶은 계란과 따뜻한 커피를 나눠 주며 사랑을 전하고 있었다.

날씨마저 더할 나위 없이 맑아 산행하기에 좋은 조건이었다.

간단한 인사와 몸풀기 체조를 마친 후 18명의 일행이 산행을 시작했다. 산길은 산행객들로 가득 차 활기가 넘쳤다.

숲은 연둣빛 그늘을 살포시 드리우고 있었다. 따스한 봄기운이 머문 그늘을 따라 한 걸음씩 내딛자, 집을 나설 때 느꼈던 무거운 마음은 어느새 사라졌다. 발걸음은 점점 가벼워지고, 기분 좋은 공기에 취해 콧노래마저 흥얼거리며 산길을 올랐다. 등줄기를 타고 땀방울이 주르륵 흘러내렸다. 하지만 그 땀이 오히려 상쾌하게 느껴졌다. 땀을 흘리며 산을 오를 수 있다는 것, 그리고 이렇게 자연 속에서 봄을 만끽할 수 있다는 것만으로도 충분히 감사했다.

정상에 가까워지자, 나뭇잎들은 아직 그늘을 만들기엔 조금 이른 듯 보였다. 조금은 게으른 듯한 나뭇잎들 모습이 왠지 정겹게 다가왔다. 하지만 저 아래로 펼쳐진 계곡과 능선은 파스텔톤의 색감을 띠며 한 폭의 그림처럼 아름다웠다.

배꼽시계가 정오를 가리킬 무렵, 모두 비슷한 시각에 출출함을 느낀 듯 넓고 편안한 곳에 돗자리를 펴고 도시락을 꺼냈다. 도시락을 챙기지 못한 몇몇 분들이 계셔서 잠시 염려했지만, 배낭에서 꺼낸 음식들이 금세 식탁을 가득 채웠다. 노루대장님의 맛깔스러운 김치는 늘 감탄을 자아냈고, 마미님의 정갈한 반찬들은 이날의 별미였다. 유머와 재치가 넘치는 줄만 알았던 마미님이 요리 솜씨까지 일품이라니, 못 하는 게 뭘까?

점심 후, 체력이 고갈된 몇몇 분들이 하산을 결정하셨다.

잠시 고민에 빠졌지만, 종주를 끝내야 오늘의 산행이 더욱 값진 추억으로 남을 것 같아 다시 힘을 냈다. 남은 12명과 함께 종주 코스에 돌입하기로 결심하고, 타짜님, 글라라님과 함께 앞으로 나아갔다. 그러나 어느 순간 뒤를 돌아보니 글라라님이 보이지 않았고, 타짜님도 지쳐 잠시 쉬어가겠다고 하셨다. 결국 혼자가 된 나는 마라토너처럼 쉼 없이 산길을 달렸다.

앞서가던 등산객이 나를 보며 농담을 던졌다. "땀도 안 흘리고 잘도 오르네. 땀 안 흘리는 사람은 독종이라던데!"

사실, 나름 땀을 많이 흘리고 있었기에 그 말에 살짝 미소가 번졌다. 어느덧 운길산 정상에 도착해 인증샷을 남기고, 계획대로 오후 4시 전에 산행을 마칠 수 있었다. 하산 완료 메시지를 남기고 귀가하는 길, 마음속엔 성취감이 가득했다.

이번 산행은 지난 4월의 마지막 주에 있었던 세 산 종주 산행을 되돌아보며 기록하는 자리였다. 처음 시작할 때의 설렘과 산을 오르며 느낀 긴장, 그리고 정상에 올랐을 때의 성취감까지... 시간이 흐르며 기억은 희미해졌지만, 그날의 생생한 감정과 풍경은 여전히 빛나고 있다.

먼 추억 속 한 페이지로 자리 잡았지만, 그날의 산은 나에게 새로운 기억과 값진 추억을 선물해 주었다.

280산악회 5주년
기념 산행 – 민주지산

2012. 7. 9.

햇살이 유난히 눈부신 날이었다. 엊그제 내린 비가 온 세상을 말끔히 씻어준 덕분인지, 주변의 모든 것이 더 선명하고 맑게 다가왔다. 이른 아침, 도심의 유리창을 환하게 비추는 햇살은 오늘 하루의 뜨거움을 예고하는 듯했다. 도심의 더위가 강할수록, 산속의 시원함은 더욱 값져지리라!

성은 '신', 이름은 '백승'이라는 버스가 우리를 맞이했다.

얼마 전부터 '신백승'이라는 이름표를 단 채 우리와 함께해 온 버스였다. 그동안 자주 이용하던 경남관광버스를 더 이상 만나지 않는 이유가 무엇일지 궁금했다. 새로운 신씨 성의 버스는 언제나 친절과 안전으로 우리를 목적지까지 편안하게 안내해 주었고, 우리 45명의 일행은 설렘을 가득 안고 버스에 올라타 도심을 벗어났다.

세 시간 남짓 고속도로를 달린 버스는 황간을 거쳐, 오늘의 들머리인 물한계곡에 도착했다.

그곳에서 먼저 우리를 반겨준 건 영남방 산악회의 식구들이었다. 비록 자주 만나지는 못해도, 그 반가움은 오래 떨어져 지낸 가족을 만난 듯 깊고 진했다. 서로 손을 맞잡고 포옹하며, 같은 하늘 아래 산을 사랑하는 한 가족임을 다시금 느꼈다. 모두 한마음이 되어 가벼운 체조로 몸을 푼 후, 80여 명이 함께 물한계곡을 향해 발걸음을 내디뎠다.

엊그제 내린 비로 생기를 머금은 농작물들은 풍성해 보였다.
호두나무에는 탐스러운 열매들이 햇살을 받아 속을 채우느라 분주해 보였고, 물기를 잔뜩 머금은 옥수수는 속살을 꼭꼭 감싼 채 생명력을 뽐내고 있었다. 자연의 푸르름이 가득한 풍경은 그 자체로 우리에게 힘과 기쁨을 선물하는 듯했다.

계곡 물소리는 우렁차게 산을 울리며, 마치 온 산이 숨을 고르듯 살아 꿈틀거렸다. 굽이쳐 흐르는 물줄기는 바위를 두드리며 장엄한 합창을 터트렸고, 우리의 웃음소리마저 그 장대한 울림 속에 스며들었다. 하늘을 가득 메운 나무들은 뜨거운 햇살을 가려주고, 그 사이로 흘러내린 한 줄기 빛은 더욱 눈부시게 반짝였다. 물소리와 바람이 어우러진 그늘 아래서 느낀 시원함은 그 어떤 피서지와도 견줄 수 없을 만큼 완벽했다.
과연, 이보다 더 좋은 곳이 또 있을까.

하지만 산은 언제나 쉽게 길을 허락하지 않았다. 많은 비로 계곡물이 불어나 우리가 가야 할 길마저 잠겨 있었다. 미끄러운 발걸음과 좁아진 길을 따라 앞서가는 이들을 천천히 따라갔다.

자연 그대로의 모습을 간직한 깊은 산속 길을 걷는 동안, 발길에 밟히는 산죽들이 짠하기도 하고, 그 속에서 자연 앞에 선 인간의 나약함이 떠오르기도 했다. 문득, 자연의 힘 앞에 인간이 얼마나 작은 존재인지 깨달으며, 인간의 흔적으로 인해 고통받는 자연을 보며 안타까움이 밀려왔다.

능선에 접어들 무렵, 삼거리에서 잠시 갈림길에 섰다. 총산행대장님이 오른쪽 길이 민주지산 정상으로 향하는 길이라고 우리를 이끌어 주었다. 좌측으로 나섰던 몇몇 일행을 다시 불러 모으고, 우측 길로 방향을 틀었다. 내리막길을 따라 편안하게 걷던 중, 앞서가던 대장님이 갑자기 멈춰섰다.

"삐이익~~~!"

대장님은 어김없이 우리에게 약 20분의 '알바'(길을 잘못 들어 헤매는 일)를 선물로 주셨다.

"이 길이 아니네요!"

대장님의 외침에 모두가 멈춰 서더니, 군대의 후퇴라도 하듯 줄줄이 발걸음을 돌려 되짚어 오르기 시작했다. 가파른 길을 다시 내려가며 투덜거릴 법도 했지만 대장님이

"산행 내비가 요즘 자꾸 오류를 일으킨다"며 농담을 던지자, 한순간 폭소가 터졌다. 순식간에 선두와 후미가 뒤엉킨 진풍경이 벌어졌지만, 우리는 마치 작정한 탐험대처럼 씩씩하게 새로운 방향을 틀었다.

이런 실수와 헤맴조차 우리에겐 산행의 또 다른 웃음과 추억이 되었다.

마침내 민주지산 정상에 올랐다. 해발 1,242미터, 푸르름이 가득한 능선 위에 서니 세상이 한눈에 내려다보였다. 사방으로 펼쳐진 산줄기는 우리에게 자연의 위대함을 느끼게 했다. 우리는 얼굴에 미소를 머금은 채, 자연의 품에 안긴 평온함을 만끽했다.

하산 후 우리를 기다리던 것은 물한계곡의 맑고 차가운 물이었다. 하루 종일 흘린 땀을 시원하게 씻어내고픈 마음에 신발을 벗고 계곡 물속으로 뛰어들었다. 물은 차갑게 온몸을 감쌌지만, 싫지 않은 신선함에 모두들 물장구를 치며 더위를 날렸다. 물속에서의 장난이 끝나고 나니, 따스한 햇살이 그리워졌다. 계곡물이 붙잡으려는 듯 발뒤꿈치를 잡아 끌었지만,

갈 길이 멀어 샤워장으로 향했다. 샤워를 마친 5명이 모여 장난을 주고 받으며 우리는 산행 동료를 넘어 일상의 기쁨을 함께 나누는 찐 친구가 되었다.

저녁 식사 자리에서는 우정이 더 깊어졌다.

음식과 웃음이 함께하는 저녁은 마치 한 가족 같은 따스함으로 가득 찼다. 산에서 쌓은 우정은 강한 유대감으로 이어져 그 누구도 쉽게 잊을 수 없으리라.

영남방 식구들과 아쉬운 작별을 뒤로하고, 우리는 어둠이 깔린 계곡을 빠져나왔다. 오늘의 산행은 280산악회 5주년을 기념하는 특별한 여정 이었고, 이를 위해 운영진이 보여준 노력과 정성은 모두의 마음에 감동 으로 남았다. 80명이 넘는 사람을 위해 정성을 다해 준비한 마음에 진심 으로 감사드리며 오늘의 여정을 마무리했다.

산은 우리에게 늘 많은 것을 가르쳐 준다. 자연의 품에서 우리는 겸손 해지고, 함께하는 이들의 소중함을 배운다.

오늘의 물한계곡 산행은 단순한 산행을 넘어 자연과 사람, 그리고 삶 에 대한 깊은 감사의 시간을 선사해 주었다. 오늘도, 내일도 이 소중한 기 억들은 우리 마음속에 오래도록 남을 것이다.

행복충전소
280산악회

아침 가리골은
또 하나의 추억을 심다

2012. 7. 24.

이른 아침, 한산한 지하철. 배낭을 무릎에 올리고 두 팔로 끌어안은 채 눈을 슬며시 감았다. 오늘 하루 어떤 일이 펼쳐질지 미리 상상해 보며 잠시 마음을 가다듬는데… 갑자기

"앗!" 하는 소리가 튀어나왔다.

뒤통수를 얻어맞은 듯한 그 느낌, 여벌의 신발을 놓고 온 걸 그제야 깨닫게 된 것이다. 오늘은 분명 계곡 트레킹인데, 물을 피할 수는 없을 텐데 말이다. 아차 싶었으나 이미 늦었으니 발이 퉁퉁 불 것을 각오하는 수밖에 없다. 미안, 발아. 오늘은 네가 좀 고생할 것 같아.

버스에 올라타자 예상 밖의 얼굴들이 보인다. 반가운 사람도 있고, 반대로 꼭 오리라 생각했던 이들은 보이지 않아 잠시 아쉬운 마음이 교차한다.

그래도 널찍한 좌석 덕에 여유롭게 앉아 창밖 풍경을 즐길 수 있어 좋다.

버스는 고속도로를 따라 순조롭게 달렸고, 창밖으로 펼쳐진 초록빛 풍경은 내 마음을 잔잔히 어루만져 주었다. 그러나 고속도로를 벗어나 좁고 구불구불한 산길에 접어들자 속이 울렁거렸다. 매스꺼움과 식은땀이 몰려오는데, 멀미약도 찾을 수 없었다.

참다못해 기사님께서 잠시 버스를 세워 주셨다.

차에서 내려 신선한 바람을 쐬니 그제야 숨통이 트이는 느낌. 어떤 분이 다가와 등을 가볍게 두드려주셨다. 그 따스한 손길에 조금 더 나아지는 것 같았다. 약 10여 분의 짧은 쉼 이후 다시 버스에 올랐다.

"조금만 더 가면 됩니다!"

기사님의 격려가 위안이 되었다. 하루가 이렇게 어수선하게 시작되니 왠지 오늘은 유난히 길게 느껴질 것만 같았다.

들머리에 도착해서 물에 젖으면 안 될 물건은 다 꺼내 두었는데, 아뿔싸, 주머니 속 휴대폰은 깜빡했다. 카메라를 든 자유님께 휴대폰을 맡기고 산길을 오르기 시작했다.

시멘트로 포장된 길을 한 시간 정도 걸었는데, 습한 날씨 탓에 온몸이 땀투성이다. 그런데도 내 얼굴에는 땀이 흐르지 않자 사람들은

"독한 사람이라 그런가 봐"

하며 놀리기 시작한다. 어쩌겠는가, 웃어넘기는 수밖에.

산길은 온통 푸르름으로 가득 차 있다. 잦은 장맛비 덕분에 나무들과

풀이 서로 키재기를 하듯 쑥쑥 자라난 모양새다. 7월의 숲은 마치 자기들만의 세상인 것처럼 생명력을 뽐내고 있었다. 그들도 나름의 삶의 법칙이 있겠지? 굵고 튼튼한 뿌리를 가진 큰 나무들이 하늘을 덮은 듯 보이지만, 그들이 만들어 준 안락한 푸른 담벼락이 있어 그 아래 작은 나무나 풀들이 거센 태풍이나 비바람을 견디며 살아가는 것이다.

드디어 계곡에 도착했다. 배가 고파 먼저 점심을 먹기로 했다. 배낭에서 나온 음식들이 바위 위에 펼쳐지며 훌륭한 식탁이 차려졌다. 든든하게 배를 채운 후, 이제 진짜 계곡 트레킹이 시작됐다.

몇몇 성미 급한 분들은 이미 물속으로 뛰어들어 물놀이를 만끽 중이다. 나는 아쿠아 트레킹화가 아니어서 물속에 들어가기가 망설여졌다. 그래도 발을 적시지 않겠다는 꿈은 일찌감치 포기할 수밖에. 결국 신발을 벗고 들어가려다,

"이럴 거면 그냥 신발을 신고 들어가자."

하고는 그대로 물속에 발을 담갔다.

물이 발에 닿는 순간 상쾌함이 밀려왔다.

물살은 생각보다 세고 바위는 미끄러웠지만, 다행히 옆에서 누군가 손을 내밀어 도와주었다. 그들이 없었더라면, 나 혼자 이 계곡을 건너는 건 불가능했을 것이다.

비가 내렸다 그쳤다를 반복했다. 물안개가 피어오르며 계곡은 더욱 신

비롭고 환상적인 풍경을 만들어냈다. 푸르른 나무들은 물안개 속에 감싸여 더욱 운치 있는 모습을 자아냈다. 차가운 물이 유혹했지만, 그 차가움에 발이 쉽게 떨어지지 않았다. 물속에서 자유롭게 노는 사람들을 보며 부럽기도 했지만, 오늘은 그저 계곡을 따라 걷는 것만으로도 충분했다.

물소리를 들으며 천천히 걷다 보니, 마음속에 가득한 행복감이 차올랐다. 이 감정은 산행에서만 느낄 수 있는 특별한 선물일 것이다.

마지막 넓고 깊은 물길을 건너고 나서야, 자유 대장님께 맡겨 둔 휴대폰이 생각났다. 잘 보관해 주셨으리라 안심하면서도 약간의 불안감이 스쳤다. 그리고 그 불안감은 현실이 되었다.

"폰이 물에 젖었어요."

아침가리골의 1급수가 너무 좋아서 휴대폰도 물속에 뛰어들었다나!

순간 아찔함이 밀려왔다. 이미 돌이킬 수는 없었고, 그저 준비가 부족했던 나 자신이 못내 아쉬울 뿐이었다. 다음에는 이런 실수를 하지 않겠다는 다짐을 하며, 오늘의 산행을 마무리했다.

이날은 280가족과 함께한 뒤풀이 식사를 휴게소에서 했다. 철정 휴게소의 한정식 뷔페에서 짧은 시간이었지만, 다양한 음식을 마음껏 즐기며 배부르게 식사할 수 있었다. 시간이 부족해 아쉬움이 남았지만, 이런저런 경험이 차곡차곡 쌓여 가며 우리의 추억도 더욱 깊어지리라 믿는다.

오늘 하루의 산행은 예상치 못한 일들로 가득했지만, 그 덕분에 더 특별하게 기억될 것이다.

비가 선물해준
숨은 벽 대신 둘레길

2013. 5. 20.

주룩주룩, 굵은 빗줄기가 밤을 깨우더니, 아침까지도 끊이지 않고 내리고 있었다. 빗줄기가 조금 가늘어지긴 했지만, 여전히 바닥을 적시고 있었다. 산행 준비를 해야 할 시간, 그런데도 나는 이불 속에서 한참을 뒤척였다.

가야 하나 말아야 하나, 마음속에서 끝없는 갈등만이 이어졌다. 리딩 대장님께 메시지를 보내봤지만, 아무 답도 없었다. 갈팡질팡하다가 이번엔 총대장님께 연락을 드렸다. 그분은 톡을 읽자마자 답장을 주셨다.

"모임 장소까지는 나와봐요. 거기서 뭔가 방법을 찾아보자고요."

창문을 수차례 열었다 닫았다 하면서 바깥 날씨를 살폈다.

가느다란 보슬비가 나뭇잎 위로 부드럽게 흩뿌리며 사라지는 중이었다. 이 비 속에서 숨은 벽 능선에 오른다는 건 조금 위험하지 않을까 하는 생각이 고개를 들었다. 나서야 할까, 포기해야 할까? 이리저리 갈팡질팡하는 마음이 날 괴롭혔다. 정말이지 망설인다는 게 이렇게 고될 줄이야. 차라리 결정을 하고 움직이면 속이 후련할 텐데, 어느새 출발해야 할 시간은 지나가 버렸다. 다시 한번 총대장님께 전화를 걸었다.

나가기가 싫어서.

"늦을 것 같아요"

라는 핑계를 댔는데, 총대장님은 여유롭게 웃으며 말씀하셨다.

"10시쯤 산행 시작할 거니까 천천히 와도 돼요. 늦더라도 나오세요."

결국 발목이 잡힌 셈이다. 우산을 챙기고 집을 나섰다.

지하철을 타고 불광역에 도착했을 땐 이미 대장균 대장님, 수정 총대장님, 유경님, 그리고 돈둥님까지 네 분이 모여 있었다. 한참을 기다리셨는지, 다들 도란도란 이야기를 나누며 지루한 시간을 달래고 있었다.

늦은 내가 미안한 마음에 허둥지둥 인사를 건넸지만, 그들은 오히려 밝은 얼굴로 나를 반겨 주었다. 그렇게 무거웠던 마음이 한결 가벼워졌다. 다행히 나보다 더 늦게 올 사람이 있다고 해서, 미안한 마음은 조금 덜 수 있었다. 잠시 후 여유님이 도착하면서, 오늘의 산행 멤버 여섯 명이 모두 모였다.

비 때문에 숨은 벽 능선을 오르는 건 무리라 판단되었고, 모두의 의견은 둘레길로 발걸음을 옮기자는데 모아졌다. 북한산 둘레길은 아직 걸어본 적이 없었지만, 오히려 오늘이 좋은 기회라는 생각이 들어 설레는 마음으로 나섰다.

비가 그친 후라 그런지, 5월의 초록빛 나무와 풀들은 마치 푸른빛을 뿜어내는 듯 생기 넘쳤다. 신선한 공기가 코끝을 간지럽히고, 나뭇잎마다 촉촉하게 맺힌 빗방울이 햇빛에 반짝였다. 그런 둘레길을 걷다 보니 아침 내내 괴롭혔던 갈등과 걱정은 어느새 자취를 감추었다. 마음 한편에 숨어 있던 불안이 초록빛 숲에 씻겨 내려가는 듯했다.

둘레길은 정말 편안했다. 나지막한 언덕과 완만한 내리막길이 이어지는 길은, 가파름 대신 여유를 품어 우리를 잔잔한 걸음으로 이끌어 주었다.

발밑을 스치는 부드러운 흙길에서 피어나는 흙냄새와, 산들바람에 실려 오는 피톤치드 향이 어우러져 온몸이 깨끗하게 정화되는 기분이었다. 마치 대자연이 우리에게 선물해 준 힐링의 시간이었다.

서로 가벼운 농담을 주고받으며 걷는 동안, 주변의 풍경은 어느새 더 푸르고 더 생동감 있게 다가왔다. 우리는 길가의 이름 모를 꽃을 보고 누가 더 잘 아나 내기하듯 이야기를 재잘거리며 나누었다. 아는 것 같다가도 모르는 꽃에 대해서는 괜히 아는 척하다가 모두 함께 웃음을 터트리곤 했다.

가끔 둘레길이 끝난 줄 알았는데 마을이 불쑥 나타나 당황하기도 하고, 이 길이 맞나, 저 길이 맞나 잠시 혼란스러웠다. 그러다가도 다시 이정표를 확인하고 천천히 길을 찾아가며 자연 속을 걷는 재미를 만끽했다.

중간에 한적한 쉼터를 찾아 잠시 쉬기로 했다. 배낭을 내려놓고 각자 가져온 간식을 꺼내 함께 나눠 먹었다. 달콤한 과일 한 조각, 바삭한 과자 하나가 평소보다 훨씬 맛있게 느껴졌다. 다들 활짝 웃으며 스트레칭도 하고, 자그마한 꽃밭을 구경하며 꽃 이름을 맞혀보기도 했다. 그렇게 몸도 마음도 가볍게 한참을 쉬었다.

화사한 꽃들과 나무들이 가득한 화원에 들러서는 그 풍경에 모두가 감탄했다. 자연의 색감과 향기에 푹 빠져들었다. 이곳저곳을 둘러보며 신기한 꽃들을 구경하고, 꽃잎 하나하나에 깃든 조화로운 예술미와 생명을 느끼며 그 순간의 평화로움을 만끽했다.

그렇게 걸으며 나무, 꽃, 풀과 대화를 나누는 듯한 기분이 들었다. 그야말로 자연이 주는 작은 교훈과 기쁨을 하나하나 누릴 수 있는 시간이었고, 우리가 함께 만든 최고의 자연 수업이었다.

오늘은 평소보다도 더 느긋한 걸음이었다.

280산악회의 기본 루트인 빠른 산행과는 달리, 천천히 발걸음을 옮기며 여유를 즐겼다. 산길 곳곳에서 흘러나오는 자연의 속삭임에 귀 기울이며, 그 속에서 마음의 평안을 느낄 수 있었다. 둘레길의 신선함과 편안함이 어찌나 좋던지, 마치 자연이 속삭이는 듯했다.

'괜찮아, 천천히 가도 돼.'

결국, 아침까지 내리던 비가 우리에게는 큰 선물이 되었다.

빗속에서 시작된 갈등은 어디론가 사라지고, 오롯이 여유롭고 풍요로운 산행의 기쁨만 남았다. 비가 아니었으면 절대 얻을 수 없었을 이 느긋함과 평온함에 감사할 따름이었다. 습도가 조금 높아 끈적였지만, 이 정도는 산행으로 다져진 우리에게는 오히려 사소한 불편에 불과했다.

마지막으로 함께 걸어준 다섯 분께 다시 한번 감사드린다. 우리 모두의 건강이 허락하는 날까지, 함께 자연을 누리고 걸을 수 있기를. 그날까지 이 멋진 순간들을 계속 함께 만들어 나가길 소망한다.

구름 따라 걷는
산행의 설렘과 깨달음
– 대야산

2013. 7. 30.

식겁해서 허둥지둥 집을 나서며 교통카드를 챙겼다. 한참을 달리던 중, 뭔가 빠트린 듯한 느낌이 스쳤다.

'뭐지?' 하며 다시 집으로 들어가니 식탁 위에 모자가 덩그러니 남아 있었다. 아차, 모자도 필수지! 손에 모자를 쥐고 허겁지겁 다시 뛰기 시작했다.

지하철 문이 닫히기 직전, 간신히 몸을 밀어 넣었을 땐 이미 숨이 턱까지 차올랐다. 비까지 내리는 날이라 한 손에는 우산을, 다른 손에는 미처 가방에 넣지 못한 모자를 들고 있었다. 평소 산에서도 잘 흘리지 않던 땀이 오늘은 빗물처럼 흘러내렸다. 손수건으로 이마와 목을 연신 닦아내며, '미리 준비했더라면 이렇게 가슴 졸이며 뛰지 않았을 텐데…' 하는 생각에 쓴웃음을 지었다.

평소 꼼꼼함을 자랑하던 내가 이렇게 준비를 허술하게 하고 나서려 하다니 스스로에게 아쉬움이 남았다. 이제 정기적으로 가는 산행이 일상이 되다 보니, 어쩐지 조금씩 느슨해진 탓인가 싶기도 했다. 그런 나 자신을 돌아보며 '이제 정말 철저히 준비해야겠다'고 다짐했다.

경황없던 아침을 보내고 산행길에 올랐지만, 함께 걷는 이들과의 시간이 더욱 기대되었다. 긴 여정을 마친 뒤에는 그 소중한 기억들이 내게 다시 큰 위안이 될 것을 알기에, 작은 실수가 있어도 괜찮겠다는 생각이 들었다. 그리고 내게 항상 따뜻하게 대해주는 280가족들에게 소홀함을 보이지 않기 위해서라도, 앞으로는 더 신경을 쓰겠다고 결심했다.

우리가 향한 오늘의 산행지는 대야산. 우산을 펴든 채로 비를 맞으며 들머리에 발을 내디뎠고, 비가 부슬부슬 내리는 가운데 산행이 시작되었다. 비가 내려서 공기는 맑고 상쾌했지만, 좁은 계곡길을 따라 계속 오르내리는 구간이 많아 다소 지루하게 느껴졌다. 계곡을 따라 이어지는 단조로운 길에 오로지 발걸음 소리와 물 흐르는 소리가 배경음이 되어주었고, 앞사람의 뒤만 바라보며 걷는 순간들이 이어졌다.

이정표도 부족해, 왠지 길을 잃은 듯한 기분마저 들었고, 계속해서 계곡길만 따라가다 보니 좀처럼 시야가 트이지 않아 답답하기도 했다. 산행길이 조금은 더 개방적이기를 기대했던 내게, 대야산의 길은 묵묵히 참을성 있게 걸음을 옮겨야 하는 구간으로 느껴졌다.

그러던 중, 드디어 바위 능선이 나타났다. 길게 이어진 바위 위에 올라서자, 마치 하늘로 솟구치는 듯한 웅장한 운무가 나를 감싸안았다. 흩날리듯 피어오르는 구름은 대야산 중턱을 타고 천천히 올라갔고, 그 모습이 마치 용이 하늘로 승천하는 것 같았다. 그 광경은 가슴을 벅차오르게 했고, 함께 산행하던 이들 모두 넋을 잃은 듯 숨을 죽이며 그 장관을 바라보았다.

산이 주는 선물이란 이런 것이겠지. 모두의 마음이 하나가 된 듯 그 순간을 온전히 느끼며 함께한 사람들과 감동을 나누는 시간이었다. 빗속 산행에서 가졌던 불편함도 순식간에 잊히고, 마치 한 폭의 그림 같은 풍경이 내 마음을 채워 주었다. 능선 위에 서서 시원한 바람을 맞는 그 느낌은 오랜만에 느껴보는 황홀함이었다. 비가 조금씩 멈춘 덕에 더욱 맑고 투명하게 산을 내려다볼 수 있었고, 덕분에 자연이 주는 선물이 더욱 특별하게 다가왔다.

대야산의 바위 능선은 정말 장관이었고, 마치 대야산을 상징하듯 커다란 바위들이 늘어선 모습이 인상적이었다. 하지만 빗물에 젖은 바위는 미끄러워서 발걸음을 옮길 때마다 조심해야 했다. 인위적인 계단이나 손잡이 없이 바위와 흙길을 그대로 밟으며 내려와야 했기에, 더욱 신중하게 발을 내디뎠다. 온몸의 감각이 바위 하나하나를 밟는 순간에 집중되었고, 오르막길과는 비교할 수 없는 긴장감이 계속되었다. 내려오는 길은 더더욱 조심스러웠다. 바위를 붙잡고, 나뭇가지를 잡으며,

때로는 몸을 최대한 낮춰 기어가듯 한참을 내려왔다. 내려오는 길 끝자락에 이르러서야 계곡 물소리가 다시 들려오기 시작했고, 익숙한 물소리에 마음이 조금씩 평온해졌다.

  그렇게 걷다 보니 드디어 도착한 곳은 바로 용추계곡과 용추폭포가 우리를 맞이했다. 이곳은 용이 승천하면서 남긴 하트 모양의 자국이 있다는 전설로 유명했다. 맑은 물이 바위 틈을 타고 흐르며 계곡을 따라 내려가는 그 모습은 지친 마음을 시원하게 해주는 듯했다. 아이들과 어른들이 계곡물 속에 발을 담그며 무더운 여름을 시원하게 즐기고 있었다.

맑은 물에 몸을 담그는 사람들을 보며 나 역시 발이라도 담그고 싶은 마음에 계곡으로 다가갔으나, 어느새 발을 담글만한 계곡물을 지나쳤다는 사실을 깨달았다.

비록 직접 계곡물에 발을 담그지는 못했지만, 대신 화장실 앞에 있는 수도에서 팔과 다리를 씻으며 더위를 식혔다. 수돗물이었지만 시원하게 땀을 씻어내고 나니 기분이 한결 개운해졌다. 비에 젖고 땀에 지친 하루였지만, 그 속에서 함께한 순간은 오래도록 마음에 남을 것이다. 대야산이 나에게 준 그 모든 땀과 피로, 자연 속에서 흠뻑 느낀 경험들이 나를 다시 산으로 부르게 될 것을 알고 있었다. 늘 산행이 끝나고 나면 남는 달콤 쌉싸름한 피로감이 오히려 나를 다시 산으로 이끈다.

오늘의 경험 역시 오래도록 기억 속에 남아 산이 주는 설렘을 다시금 떠올리게 해줄 것이다. 그렇게 자연 속에서 만난 풍경, 함께 한 사람들과의 소중한 시간, 그리고 비와 바람이 함께한 모든 순간이 내 삶의 한 페이지에 담겼다.

봄
여름
가을
겨울

산은 이제 본격적으로 가을의 색을 입기 시작했다.

산등성이를 따라 진갈색이 번져가고, 아래쪽 나무들은

화려한 노란빛으로 옷을 갈아입었다. 바람이 불 때마다

나무들은 흔들리며 인사라도 건네듯 춤을 추었다.

그리고 그 사이로 핀 들국화와 코스모스가 바람에 몸을

맡긴 채 가을의 마지막을 즐기듯 사뿐히 흔들렸다.

자연의 섭리는 누구도 거스를 수 없다는 것, 그 흐름에

감사함을 느끼는 것이야말로 인간이 할 수 있는

가장 겸손한 태도임을 새삼 깨닫는다.

『산, 나의 그리움』 '오대산' (142쪽)에서 발췌한 가을날의 기록

월출산이여, 그대는
과연 명산이었노라!

2013. 5. 20.

비가 오나 눈이 오나, 바람이 불든 말든 280산행은 한 번 계획되면 절대 멈추지 않는다. 날씨는 우리에게 그저 도전 과제일 뿐, 그게 변수가 되어서는 안 된다는 게 이 팀의 불변의 신념이다.

바로 그 신념 덕분에 나는 오늘도 새벽부터 발걸음을 서둘렀다. 전날 밤, 날씨 예보에서 전국적으로 새벽이면 비가 그칠 거라는 소식을 듣고는 마음 놓고 깊이 잠들었다. 하지만 이른 새벽 4시, 눈을 뜨자 귀에 들려오는 건 빗소리였다.

'이럴 줄 알았으면 일기예보를 믿지 말걸!' 속으로 푸념이 나왔다. 그래도 280의 정신을 되새기며, 나는 스스로에게 주문을 걸기 시작했다.

'내가 준비하는 동안 비는 그칠 거야. 오늘은 산행이니까 분명 멈출 거야.' 그 주문이 현실이 되기를 바라며, 부지런히 준비에 나섰다.

새벽 5시 반이 되자, 우산을 챙기고 배낭을 메고는 조심스럽게 발걸음을 내디뎠다. 빗소리는 여전히 거세게 들려왔지만, 마음속에선 또 다른 목소리가 울리고 있었다.

"비가 온다고 뭐가 달라지겠어? 오늘 산은 월출산이고,

　내가 그 산을 기다렸듯 그 산 또한 나를 기다리고 있을 텐데."

그 마음을 붙잡은 채 빗속을 향해 용감히 나갔다. 발걸음은 잠시 무거웠지만, 스스로를 다독이면서 그 발걸음을 다시금 가볍게 했다. 집 앞을 나서며 내 마음속의 작은 목소리가 속삭였다.

'비도 산도 그저 자연일 뿐, 내가 걷는 길이니까 다 괜찮아.'

만남 장소에 도착하자, 같은 목적을 가진 이들이 하나둘 모여드는 모습에 마음이 한결 가벼워졌다. 늘 산에서만 만나는, 그러나 늘 친근한 얼굴들이 보이기 시작하니 비 오는 아침의 무거움이 사라졌다.

오랜만에 보는 반가운 사람들과 함께 나란히 걷고, 땀을 흘리며 정상을 향해 올라갈 생각에 벌써부터 심장이 뛴다. 비가 오면 어때? 눈이 오면 또 어때? 이 사람들과 함께라면, 날씨가 어떻든 오늘의 산행은 이미 즐거운 경험이 될 것이다.

비를 맞으며 한참을 달린 버스는 남쪽으로 향했다. 창밖을 보니 어느새 도로가 마르기 시작했고, 그제야 속으로 미소가 번졌다.

'비가 그칠 거라는 내 주문이 통했나 봐...' 하늘에는 두터운 구름이 걷히고, 옅은 구름이 산뜻하게 흩어져 있었다. 비가 멈추고 나니 기분까지 한결 가벼워졌다. 마치 280이 가는 길을 비가 비켜주기라도 한 것 같았다.

버스 안에서는 웃음과 이야기꽃이 피어나며, 저마다 오늘의 산행을 기대하는 마음이 전해졌다. 오늘의 목적지는 웅장한 바위산 월출산이었다. 회장님이 차 안에서 말씀하신 대로, 오늘은 일정이 빡빡할 예정이었다. 월출산은 바위산이라 오르내리는 게 쉽지 않을 거라는 말을 듣고 긴장이 살짝 되었다.

버스가 월출산에 가까워질수록 그 장대한 바위들의 모습을 볼 수 있었다. 멀리서도 우람하게 솟아 있는 바위산을 보니 마음속에서 기대감이 솟구쳤다. 저 산이 바로 우리가 오를 월출산이다.

바위가 가득한 그 산의 모습은 그야말로 장관이었다.

회장님이 '월출산은 남쪽의 금강산'이라고 말씀하셨던 것이 떠올랐다. 금강산을 직접 가보지는 못했지만, 월출산이 충분히 그 아름다움을 대신할 수 있을 것 같았다. 바위들이 층층이 쌓여 있고, 그 위에 우뚝 솟은 모습이 결코 어색하지 않은, 조화로운 풍경을 이루고 있었다. 자연의 위대함을 다시 한번 느낄 수 있는 순간이었다.

비가 온 뒤의 산은 신선함 그 자체였다. 바위 틈새에서 불어오는 맑고 차가운 공기가 온몸에 스며들었다. 깊게 숨을 들이마실 때마다, 산이 주는 신선한 기운이 마음을 깨끗하게 정화시켜 주는 것 같았다. 숲은 마치 수백 년을 지켜온 듯, 장엄하고 고요했다.

이곳저곳에서 들려오는 새소리와 바람 소리조차도 하나의 아름다운 음악처럼 들려왔다. 산길을 걷는 동안 발밑에서 느껴지는 땅의 단단함이 나에게 안정감을 주었고, 자연의 품속에 완전히 안긴 듯한 느낌이었다. 월출산은 예전에도 몇 번이나 올라본 산이었지만, 이번엔 특별했다.

평소보다 많은 이들과 함께했고, 오랜 친구들과 어깨를 나란히 하며 걸었다. 그 덕분인지 평소보다 더 많은 이야기가 오갔고, 그 이야기들이 산을 오르는 힘을 배가시켰다. 바위산을 오르는 것이 결코 쉽지는 않았지만, 그만큼 더 도전 정신이 발휘되었다. 힘들 때마다 서로를 격려하며 우리는 점점 더 높은 곳으로 나아갔다. 중간중간에 멋진 경치가 펼쳐질 때마다 모두가 걸음을 멈추고 탄성을 질렀다. 바위들이 만들어낸 자연의 위대한 풍경이 눈앞에 펼쳐질 때마다 가슴이 벅차올랐다.

특히, 정상에 가까워질수록 월출산의 바위들은 더욱 장관을 이루었다. 바위 하나하나가 거대한 조각처럼 보였고, 그들이 모여 만들어낸 거대한 산의 실루엣은 한 폭의 수묵화 같았다. 정상에서 내려다본 풍경은 그야말로 압도적이었다. 그 높이에서 보이는 산의 능선들과 멀리 보이는 다른 산들의 모습이 마치 한 폭의 그림처럼 펼쳐졌다. 그 순간, 이 산행이 정말 값진 시간이라는 것을 다시금 느꼈다.

내려오는 길도 만만치 않았다. 바위들이 많아 발을 디딜 때마다 신중하게 걸어야 했다. 힘든 발걸음이었지만, 길마다 펼쳐지는 풍경이 마음을 사로잡아 피로도 잊은 채 걸음을 내디뎠다. 그렇게 내려와서 우리는 다시 버스에 몸을 실었다. 집으로 돌아오는 길, 버스 창밖에선 비가 다시 내리기 시작했다. 마치 우리 산행이 마쳐질 때까지 기다린 듯한 비였다. 빗소리를 들으며 오늘의 여정을 떠올려 보았다. 월출산의 웅장함, 맑은 공기, 그리고 함께했던 사람들과의 시간. 그 모든 것이 오늘의 나를 더욱 강인하게 만들어주었다.

서둘러 산을 오르고, 다시 내려와 집에 도착한 시간은 밤 12시. 출근을 앞두고 두세 시간 밖에 자지 못하겠지만, 월출산의 정기를 받았으니 피로는 온데간데없어질 것이다. 산행이 주는 체력과 정신력 덕분에 매일을 멋지게 살아 낼 수 있는 것 같다. 월출산과 함께했던 오늘, 그리고 내일도 나는 여전히 강인하게 나아갈 것이다.

곤파스가 수리산에 남긴 생채기

2010. 9. 6.

태풍 곤파스가 스쳐간 산길에는, 그 거센 숨결의 자취가 아직 고스란히 남아있었다. 온 산을 휘저어 놓고 사라져 버린 곤파스는 참으로 두려운 존재였다. 수십 년은 자랐을 법한 굵은 나무들이 뿌리째 뽑혀 쓰러졌고, 굵은 가지들은 부러져 여기저기 흩어져 있었다. 나뭇잎들은 마치 가을 낙엽처럼 산을 덮었고, 그의 거친 손길에 할퀴고 찢긴 상처들이 곳곳에 남아 있었다. 그 상처들이 언제 회복될 수 있을까 생각하니 마음이 아프고 안타까웠다.

만약 산이 소리를 낼 수 있었다면, 그 메아리는 신음이 아닌 절규였을 것이다. 부러진 나무와 찢긴 가지들을 마주하자, 마치 자연이 몸부림친 흔적 앞에 선 듯 가슴이 저려왔다. 자연의 엄청난 힘 앞에 인간은 그저 무력할 뿐이다.

오늘 오른 산은 해발 475미터의 수리산. 높지 않은 산이지만, 부드럽고 완만한 능선이 길게 이어져 동네 뒷산 같은 느낌을 주는 산이다.

연세가 지긋하신 분들도 자주 찾는 이 산은 굵고 아름드리나무들이 빽빽하게 숲을 이루고 있어 삼림욕을 하기에 그만이다.

태풍이 막 지나간 후라 비가 올 거라는 예보가 있었지만, 하늘은 맑았고 태양은 뜨겁게 내리쬐었다. 몸에서는 짠 땀이 비 오듯 흘러내렸다.

"차라리 빗속에서 산행하는 게 더 낫겠어!"

라며 더위를 탓하는 소리도 들렸다. 비가 오면 빗물에 젖고, 해가 나면 땀에 젖고, 어차피 젖는 건 매한가지이지만, 오늘의 더위는 특히 더 힘들게 느껴졌다. 습하고 더운 날씨 탓에 여기저기서 힘든 탄식이 흘러나왔다.

얼마나 걸었을까, 발걸음이 묵직해지고 배 속에서 허기가 슬며시 올라왔다. 다들 살짝 지친 기색을 보이자 잠시 휴식을 취하기로 했다.

적당히 그늘진 바위에 자리를 잡고 배낭을 내려놓는 순간, 마치 기다렸다는 듯 배낭 속에서 각자의 간식들이 하나둘 모습을 드러냈다. 시장기는 크게 느껴지지 않았지만, 산속에서 함께하는 시간은 더없이 소중했다. 잠깐 멈춰 서서 숨을 고르고 서로의 간식을 나누어 먹으니, 오히려 배보다 마음이 더 든든해졌다.

그러다 점심시간이 다가오자 모두가 모여 각자 준비해 온 도시락을 꺼냈다. 가득 찬 김밥, 손맛이 깃든 주먹밥, 정성이 듬뿍 담긴 밑반찬까지 그날의 식탁은 손맛을 더한 작은 잔치였다. 각자의 손끝에서 준비된 음식들이 한데 모여 다들 웃음꽃을 피우며 식사를 즐겼다. 함께 나눈 밥상은 단순한 끼니 이상의 기쁨을 안겨주었고, 정이 오가는 순간이었다.

그런데 막 식사를 마치려는 찰나, 갑자기 하늘이 어두워지더니 굵은 빗방울이 하나둘 떨어지기 시작했다. 처음에는 가랑비처럼 살짝 내리더니, 이내 빗줄기가 굵어졌다. 다들 황급히 우비를 꺼내고 배낭을 챙기며 부지런히 몸을 추슬렀다. 예상치 못한 비에 당황했지만, 오히려 그 순간마저 우리에게는 작은 모험처럼 느껴졌다. 빗소리가 나뭇잎을 스치는 소리와 어우러져 자연이 만들어낸 특별한 음악이 배경처럼 흘렀고, 우리는 그런 자연의 변덕 속에서 더 강하게 연결된 기분이 들었다.

순식간에 도시락을 치우고, 우산과 우의를 펼쳤다. 모두 재빠르게 비를 피할 준비를 마쳤고, 빗줄기는 점점 굵어졌다. 하얀 운무가 산을 덮어 눈앞의 사람들만 겨우 보일 정도였다. 산 아래를 내려다보니 아무것도 보이지 않았고, 하늘에서는 천둥소리가 멀리서부터 울려 퍼졌다. 긴장감이 돌았지만, 발걸음만큼은 여유를 잃지 않았다. 물론 마음은 조급했지만, 더위와 피로에 지친 몸은 그리 빨리 움직여 주지 않았다.

태을봉 정상에 다다르자, 이미 먼저 오른 몇몇 분들이 환한 웃음으로 우리를 맞아주었다. 마치 그 순간을 기다린 듯, 빗줄기가 잠시 잦아들고 희미한 햇살이 얼굴을 스쳤다. 그러나 곧 비는 다시 시작되었고, 우의를 벗었다 입었다를 반복하며 우리는 자연의 흐름을 받아들이며 산행을 이어갔다. 어느 순간, 비가 그치고, 깨끗한 하늘과 시원한 바람이 우리를 반겼다. 언제나처럼 산행은 우리에게 새로운 행복을 안겨주었다.

오늘도 좋은 사람들과 함께 산을 오를 수 있다는 것이 그저 감사했다. 280산악회는 나에게 진정한 행복 충전소 같은 곳이다. 사람들과 좋은 이야기를 나누고, 서로에게서 배려와 감사를 배울 수 있는 이 시간들이 얼마나 소중한지 모른다.

앞으로도 이 따뜻한 사람들과 함께 자연을 즐기며, 서로의 온기를 나눌 수 있기를 바란다. 280산악회가 언제까지나 사람 냄새나는 따뜻한 산악회로 남기를 소망하며, 오늘도 그 행복을 마음에 가득 담아 집으로 돌아간다.

가을에게 겸손을 배우다

- 오대산

2010. 10. 11.

　서울을 떠나 달리는 버스 창 너머 펼쳐지는 풍경은 마치 영화의 한 장면처럼 서서히 그려졌다. 창밖을 가득 메운 짙은 안개는 무대의 커튼처럼 열리고 닫히기를 반복하며, 그 뒤에 감춰진 비밀스러운 세계를 살짝 내비쳤다. 안개는 무언가 소중하고 진귀한 것을 숨기고 있는 듯, 감질나는 손짓을 하며 나를 유혹했다. 안갯속을 달리면서 점점 창에 가까이 다가가, 곧 드러날 경이로운 광경을 기다리게 된다. 무엇이 기다리고 있을지 궁금증이 커져가고, 상상 속에서 이미 나만의 드라마가 펼쳐진다.

　하늘을 가리던 안개가 서서히 걷히며, 그 뒤로 은은한 햇살이 천천히 퍼져나갔다. 가늘게 들어온 햇살이 자연의 얼굴을 하나하나 밝혀주며 마치 천이 벗겨지듯 서서히 모습을 드러냈다. 산등성이를 덮고 있던 나무들은 여전히 짙은 초록을 띠고 있었지만, 가을이 주는 시간의 흐름을 거부할 수 없었는지 곳곳에서 퇴색된 색을 드러냈다.

초록빛을 서서히 거두어 가는 나무들을 바라보며, 마음 한켠이 아리듯 저려왔다. 스러짐 속에서도 피어나는 고요한 아름다움, 마치 오래된 친구가 세월에 물드는 모습을 지켜보는 듯한 순간이었다.

산은 이제 본격적으로 가을의 색을 입기 시작했다.

산등성이를 따라 진갈색이 번져가고, 아래쪽 나무들은 화려한 노란빛으로 옷을 갈아입었다. 바람이 불 때마다 나무들은 흔들리며 인사라도 건네듯 춤을 추었다. 그리고 그 사이로 핀 들국화와 코스모스가 바람에 몸을 맡긴 채 가을의 마지막을 즐기듯 사뿐히 흔들렸다.

자연의 섭리는 누구도 거스를 수 없다는 것, 그 흐름에 감사함을 느끼는 것이야말로 인간이 할 수 있는 가장 겸손한 태도임을 새삼 깨닫는다.

파랗고 높은 가을 하늘은 그 자체로 경이로웠다. 손을 뻗으면 닿을 듯 가까운 하늘과, 구름 한 점 없는 맑음이 마음을 시원하게 해 주었다.

하늘을 올려다보는 것만으로 복잡했던 생각이 정리되고, 모든 것이 투명해진다. 나뭇잎 사이로 들어오는 가을 햇살은 그 어느 계절보다 따스하고 부드럽다. 이 햇볕은 마치 부모가 자식을 감싸듯 우리를 보듬으며 따뜻한 위로를 전해주었다. 그 속에서 나는 마음 깊이 충만함을 느꼈다.

가을 단풍으로 물든 나무들은 그 자체로 완벽한 아름다움이었다. 그 색들은 화가의 붓으로는 결코 옮길 수 없는, 오묘하고 다채로운 빛을 품고 있었다. 누군가 그려낸 듯한 이 풍경이 현실이라는 것이 믿기지 않을 정도로 자연은 그 자체로 경이롭다. 말로 다 표현할 수 없는 섬세한 색감은 나의 시선을 단단히 붙잡고 놓아주지 않았다.

그 누구도, 그 어떤 기술도 이 아름다움을 재현할 수 없다는 것을 알기에 이 순간을 고스란히 내 마음속에 담아두고 싶었다.

해발 1,563미터 비로봉에 오르니 발아래 펼쳐진 광경이 가슴을 탁 트이게 했다. 백두대간의 웅장한 산줄기가 파란 하늘과 맞닿아 있고, 저 멀리 주문진 시내와 동해 바다까지 흐릿하게나마 한눈에 들어왔다.

산을 오르며 흘렸던 땀과 피로는 흔적도 없이 사라지고, 가슴 가득히 퍼지는 상쾌함과 성취감이 나를 채웠다. 이곳에 서 있는 것만으로도 자연이 주는 위대함과 경이로움을 온몸으로 느낄 수 있었다.

"소나무는 단풍이 들까, 안 들까?"

회장님의 질문이 나를 잠시 현실로 돌려놓았다. 소나무도 단풍이 든다며, 그 고운 모습이 고풍스러운 품위를 지닌 저택의 마님을 닮았다고 하신다. 그 말에 모두가 웃음을 터뜨렸고, 나도

"아, 그럼 내 모습이네!"

라고 농담을 건네며 함께 웃었다. 그 웃음 속에는 가을의 낭만과 여유가 가득 담겨 있었다. 고풍스럽고 우아한 소나무처럼 나도 언젠가 그런 사람이 되고 싶다는 소망을 살짝 내비치며. 오대산 산행은 자연의 위대함을 다시 한번 느끼게 해준 시간이었다.

끝없이 펼쳐지는 가을의 아름다움은 마음을 겸손하게 만들었고, 인간이 얼마나 작은 존재인지 다시금 상기시켰다.

자연의 섭리 앞에서 우리는 겸허해질 수밖에 없다.

그 모든 것을 온전히 받아들이며 나는 지금 이 순간에 감사함을 느낀다. 사랑하는 280회원들과 함께한 하루는 그 자체로 소중했고, 말로 다할 수 없는 행복을 안겨주었다. 함께 웃고, 이야기 나누며, 서로의 온기를 느끼는 이 시간이야말로 진정한 행복이 무엇인지를 깨닫게 한다. 이 하루가 나에게 준 행복은 그야말로 충전의 시간이었다.

이 기쁨을 오래오래 간직할 수 있을 것 같다. 미인님의 말처럼, 벌써부터 다음 일요일이 기다려진다. 오늘 느꼈던 모든 감정이 다시 나를 채워줄 그날을 꿈꾸며, 나는 버스에 몸을 실었다.

인생의 또 다른 이야기를
써 내려가는 무대
– 설악산 공룡능선

2010. 9. 28.

설악산 공룡능선을 다시 걷는다는 생각에 가슴이 설렘으로 뛰었다. 그러나 이내 그 설렘은 조심스러운 두려움으로 바뀌었다. 바로 1년 전, 같은 시기에 같은 설악산에서 겪은 고생이 머리를 스쳤기 때문이다. 그때도 무박 2일 산행이었고, 설악산이 나와 280산악회와의 첫대면 장소였다.

2009년 9월, 산에 대해 아무것도 모르는 상태에서 다음(Daum)카페를 통해 산악회에 가입하고, 곧바로 설악산 무박 산행에 나섰다. 산악회가 어떤 곳인지, 무박 산행이 무엇인지, 내가 과연 해낼 수 있을지에 대해 고민조차 하지 않았다. 무모하리만큼 단순하게, 그냥 물병 하나만 배낭에 넣고 나선 것이 전부였다. 오색에서 김밥 한 줄 사 먹으면 되겠지 하는 생각뿐이었다.

하지만 현실은 달랐다. 산 입구에 내리자마자 산행이 바로 시작된 것이다. 준비도 없이 출발하는 상황에 당황했지만, 그때 첫 짝꿍이었던 게르다님이 "먹을 것 많으니 걱정 말라"라며 나를 안심시켜 주었다. 그 말에 기대어 나는 무작정 첫 산행을 시작했다.

새벽 3시 반, 오색의 어둠을 열어젖히며 수많은 인파 속으로 빨려 들며 가볍게 출발했다. 옆에서 걷는 이들이 280회원인지, 다른 산행팀인지조차 분간할 수 없는 컴컴한 밤하늘 아래에서 오직 별빛과 어둠만이 나의 동반자였다. 긴 오름길을 부지런히 재촉하며 대청봉에 가까워질 즈음, 비인지 우박인지 모를 무언가가 나를 적셨다. 비옷도 준비하지 않은 상태였으니, 그저 맞으며 올라가는 수밖에 없었다.

대청봉 정상에 도착했을 때, 수많은 사람이 있었지만 함께 온 280회원들은 보이지 않았다. 얼굴을 모르니 찾는 것조차 불가능했다. 차가운 바람 속에 혼자 떨며 일출을 맞이한 뒤, 중청 대피소로 이동해 한 시간 반을 기다렸지만 끝내 누구도 나타나지 않았다.

추위와 배고픔이 한꺼번에 몰려와 몸도 마음도 점점 지쳐갔다. 매서운 바람이 얼굴을 찌르고, 허기와 피로가 몰려오는 가운데, 나도 모르게 눈물이 날 것만 같았다. 결국, 이대로는 더 버틸 수 없다는 생각에 내려가기로 마음먹었다. 그러다 문득, 지금 내 상황이 너무도 초라하게 느껴졌다. 이렇게 오랜 시간 대청봉까지 올라왔는데, 추위와 허기에 떠밀려 하산을 결심하는 나 자신이 어쩐지 애처롭게만 느껴졌다.

혼자 터벅터벅 내려가는 길은 참으로 길고, 힘들고, 고통스러웠다. 하산 중에 마주친 다람쥐들이 나를 비웃는 것처럼 보였다. 어떻게 하산을 마쳤는지조차 기억이 없을 정도로 지쳤다. 소공원에 도착해 바로 택시를 잡아 타고 속초 고속 터미널로 갔다. 고속버스에 오르자마자 의자에 몸을 던지듯 누우며 그제야 깊은 한숨을 내쉬었다.

집에 도착한 후 이틀간 몸살로 출근조차 하지 못했다. 설악산이라면 다시는 생각도 하기 싫을 정도로 끔찍한 기억이 되었다. 그런데 바로 그 설악산, 그 공룡능선에 다시 도전하고 싶어졌다. 나는 미친 걸까? 아니면 그저 산을 사랑하는 마음이 너무나 큰 것일까?

추운 날씨와 고된 산행 속에서 생긴 내 이야기가 누군가에게 작지만 잔잔한 감동으로 닿을 수 있기를, 이런 경험이 나만이 아니라 또 다른 누군가에게도 공감될 수 있기를 바랐다. 산행은 그렇게 나를 더 강하게 만들고 있었다.

이번 산행도 오색에서 출발했지만, 더 이상 혼자가 아니었다. 익숙한 동료들과 함께 걷는 길이라 한결 마음이 든든하고 발걸음도 가벼웠다. 어둠 속에서 랜턴 불빛을 따라나선 길 위로 흐릿한 달이 떠 있고, 북두칠성이 우리의 길잡이가 되어 주었다. 드디어 도착한 대청봉에는 사진을 찍으려는 사람들로 가득했다. 이번에는 나도 함께 기념사진을 남겼다. 혼자가 아니라는 사실이 참으로 기뻤고 외롭지 않아서 감사했다.

그리고 마침내 공룡능선. 꿈의 능선이라 불리는 그곳에 가기로 마음을 먹었다. 동료들의 응원 덕분에 '공룡능선 조' 16명과 함께 힘차게 발을 내디뎠다. 공룡능선은 설악산의 내설악과 외설악을 잇는 장대한 능선으로, 이름 그대로 마치 공룡의 등뼈를 닮아 있다.

길이는 결코 짧지 않았고, 가파른 오르막과 내리막이 이어졌다. 하지만 그 험난함이 있었기에, 공룡능선은 단순한 산길이 아니라 숨 막히는 장관으로 느껴졌다. 내설악의 가야동 계곡과 용아장성, 외설악의 천불동 계곡, 그리고 동해까지 이어지는 탁 트인 풍광이 눈앞에 펼쳐지며, 걸음을 옮길 때마다 마음이 벅차올랐다. 산을 사랑하는 이라면, 누구나 한 번쯤은 이 능선 위에서 자연의 위대함을 직접 느끼고 싶어 할 것이다.

소청에서 희운각으로 이동하며 바라본 설악의 절경은 탄성을 자아내게 했다. 산을 오르는 고통과 아픔이 한순간 사라지는 듯한 짜릿한 통쾌함. 기암괴석이 빚어낸 이 장대한 풍경은 설악산을 사랑하는 모든 이를 위한 예술 작품이라 생각되었다.

희운각 대피소에 도착한 우리는 둘러앉아 무거운 배낭을 비우며 잠시 쉬었다. 각종 과일과 간식들이 테이블을 가득 메웠고, 고단했던 몸과 마음이 이내 가벼워졌다. 그리고 우리는 다시 공룡능선을 향해 발걸음을 옮겼다. 오르막이 이어졌고, 힘이 들었지만 16명 모두 낙오 없이 공룡의 꼬리에서부터 등과 머리까지 거침없이 누볐다.

힘겹게 오르내리며 온몸이 녹아내릴 듯 지쳤지만, 지나온 길을 돌아보며 얻은 뿌듯함은 그 모든 고통을 잊게 했다. 공룡능선은 그 길을 걷는 이들에게 지친 몸과 마음을 치유해 주는 마력을 지닌 듯했다.

길고도 힘든 여정 끝에 우리는 마침내 완주의 기쁨을 만끽했다.

이번 산행은 또 다른 교훈을 남겼다. 무박 산행으로 신체 리듬이 깨져 어려움이 있었지만, 그 모든 고통을 견딜 수 있었던 것은 동료들의 응원 덕분이었다. 공룡능선은 내게 도전과 극복, 그리고 사람과의 연결을 다시금 깨닫게 해주었다. 꿈의 능선, 공룡능선은 이제 단순한 도전을 넘어 내 인생의 또 다른 이야기를 써 내려가는 무대가 되어 주었다.

공룡능선을 걸으며 나는 또 한 번 내 한계를 넘었고, 그 끝에서 새로운 나를 마주했다. 이제 그 장대한 능선이 더 이상 두렵지 않다. 공룡의 등 위를 걸으며 깨달은 건, 그 고난 끝에 만나는 아름다움은 그 무엇과도 바꿀 수 없는 소중한 경험이라는 것이다. 설악산이여, 공룡능선이여. 나는 다시 그곳으로 돌아갈 것이다. 그대가 그 자리에 있으니까!

새로운 메뉴로 추억 쌓기
- 덕항산 환선굴

2011. 3. 1.

몇 날 며칠을 손꼽아 기다렸다.

어릴 적 소풍날을 기다리던 설렘이 다시 찾아온 듯했다. 연이은 행사로 두 주 동안 산에 오르지 못한 갈증 때문일까? 산을 찾지 못한 그 시간이 길게만 느껴졌다. 그 간절한 기다림을 방해하려는 듯 날씨 예보는 계속 비 소식을 전했다.

비가 올 거라는 소식이 끊임없이 들려왔다.

과연 산행이 이루어질 수 있을까? 아직은 겨울의 차가움이 가득한 시기라, 비를 맞으며 산에 오른다는 것은 상상하기조차 어려웠다. 비록 작년 여름 내내 장대비를 마다하지 않고 산에 올랐던 기억이 떠오르기는 했지만, 겨울의 비 속 산행은 너무 무모한 도전처럼 느껴졌다. 그럼에도 회장님께서 지혜롭게 일정을 조정해 주실 거라는 믿음이 있었기에, 나는 편안한 마음으로 따라가기로 했다.

280산악회의 이름을 처음 들었을 때, 28인승 리무진버스를 타고 다닌다는 뜻에서 비롯된 것이 아닐까라는 생각을 한 적이 있다.

오늘, 그 추측이 맞는다면 진정한 의미를 되새길 수 있는 날이 될 것 같았다. 넉넉하고 편안한 좌석을 자랑하는 28인승 리무진버스에 오르니 그 자체만으로도 기분이 한껏 좋아졌다.

궂은 날씨로 산행이 무산될지도 모른다는 아쉬움이 있었지만, 결국 이렇게 산을 사랑하는 이들과 한 걸음 한 걸음 내디딜 수 있다는 사실이 얼마나 감사한 일인지 마음 깊이 느껴졌다. 그러나 오늘의 날씨는 우리의 산행을 방해할 듯 보였다. 버스가 목적지에 가까워졌지만, 빗줄기는 여전히 거세기만 하였다. 회장님께서 산행이 어려울 수 있다는 말씀과 함께, 대신 삼척의 환선굴을 탐방하는 일정으로 바꾸기로 하셨다. 환선굴은 오래전에 한 번 다녀온 적이 있었지만, 기억이 가물가물했다. 그래서 오늘 새로운 동행들과 함께 다시 환선굴을 탐험할 수 있다는 사실이 오히려 기대감으로 다가왔다.

환선굴에는 오래된 전설이 있다. 한 스님이 이 동굴에 들어갔다가 끝내 나오지 못했고, 사람들은 그 스님이 신선이 되었다고 여겨 '환선굴'이라 부르게 되었다고 한다. 동굴에 들어서니 그 크기와 웅장함에 다시금 놀랄 수밖에 없었다. 동양 최대의 석회 동굴이라 불리는 환선굴은 총연장이 6.2km에 달한다고 하지만, 우리가 탐험할 수 있는 구간은 약 1.5km 정도였다. 동굴 내부는 자연의 조각상이 가득한 예술 갤러리처럼 보였다.

도깨비방망이를 닮은 종유석, 하트 모양의 천정, 미녀를 닮은 석순 등, 이곳은 그야말로 상상력을 자극하는 형상들로 가득했다. 모든 형상이 하나하나 생명을 가진 듯 우리를 맞이하고 있었다. 동굴 곳곳에는 의미 깊은 이름들이 붙어 있었다. '사랑의 맹세'라는 하트 모양의 천정 아래에서 사랑을 다짐하기도 하고, '꿈의 궁전', '만리장성', '용의 머리' 등 다양한 형상들이 우리의 발길을 멈추게 했다. 동굴은 그 자체로 신비로웠다. 특히 천국과 지옥을 상징하는 다리들이 있었는데, 이 다리를 건너며 스스로의 죄를 참회하는 의미를 지닌 장소라고 했다.

동굴 속 탐험을 마치고 밖으로 나오자 세상은 이미 새하얗게 변해 있었다. 눈이 내려 온 세상을 덮은 풍경은 마치 환상 속에 있는 듯했다. 언덕길을 내려가야 했지만, 아이젠이 없어 걱정이 앞섰다. 그러나 그 걱정도 잠시, 눈 위를 껑충껑충 뛰며 발자국을 남기는 것이 오히려 즐거웠다. 쏟아지는 눈 속에서 산행을 할 수 있었더라면 얼마나 좋았을까 하는 아쉬움이 밀려왔지만, 이미 시간이 늦어 산행은 접어야만 했다. 그래도 하얀 눈 속에서의 경험을 마음 깊이 간직하며 하산했다.

그때 폭설로 인해 서둘러 이곳을 떠나야 한다는 소식이 들려왔다. 늦지 않게 산을 벗어나지 못하면 길이 막힐 수 있다는 것이었다. 서둘러 버스에 올랐고, 리무진은 미끄러지듯 부드럽게 산길을 빠져나왔다. 고속도로에 진입하자 눈앞에 펼쳐진 광경은 그야말로 진풍경이었다. 작은 차들은 지그재그로 깜빡이를 켜며 도로를 가득 메우고 있었다. 길이 미끄러워

차들이 한곳에 모여 답답해하는 모습이 운전하는 사람들의 마음을 그대로 보여주는 듯했다. 반면, 우리를 실은 리무진은 크고 무거운 차체 덕분에 서서히 이리저리 비집고 나아갔다.

새벽 6시에 출발한 우리는 밤 12시에야 집에 도착했다. 환선굴 탐험을 제외한 대부분의 시간을 버스 안에서 보낸 하루였다. 약 15시간을 버스 안에서 보낸 셈이다. 모두의 엉덩이가 짓무르지 않았을까 걱정했지만, 정작 그 고생마저 웃음으로 바꾸며 오늘 하루를 특별한 추억으로 채워갔다.

늘 같은 메뉴로 흰쌀밥만 먹는다면 지루할 수도 있지 않을까?
가끔은 보리밥이나 분식처럼 새로운 메뉴를 먹어 보는 것도 괜찮은 발상.

오늘 우리는 새로운 메뉴를 경험하며, 멋진 추억과 함께 280산악회의 새로운 의미를 다시 한번 되새겼다. 앞으로도 이런 특별한 경험들이 우리를 기다리고 있을 것이라는 생각에 나는 감사함과 기대가 충만해짐을 느꼈다.

자연 치유력이
최고인 산행 – 구봉대산

2011. 5. 30.

우르르 쾅쾅, 천둥과 번개가 밤새도록 하늘을 뒤흔들었고, 나는 개인적인 다른 이유로 이틀째 잠을 제대로 이루지 못했다. 출발 시간이 가까워질수록 고민은 깊어졌다. 몸 상태도 좋지 않은데 산행을 강행하는 것이 과연 옳은 일일까? 나 혼자만의 문제가 아니라, 함께하는 일행에게까지 피해를 줄까 봐 걱정이 됐다. 멈출지 말지 고민하던 순간, 밤늦게 여유님에게서 함께할 수 있다는 연락이 왔다. 그래서 조금 힘들더라도 280에 합류하기로 결심하고 집을 나섰다.

이틀 밤을 설친 데다 속을 비워 허기지고 기운도 없었지만, 반가운 회원님들을 만나니 마음에 힘이 조금씩 났다. 불안한 마음에 첫 휴게소에서 약을 사서 복용했다. 약사님이 차가운 음식과 생음식을 피하라고 당부하셔서 오늘은 물 외에는 아무것도 입에 대지 않기로 마음먹었다. 점심 식사 자리에서도 대박님의 맛있는 비빔밥이 유혹했지만, 꿋꿋이 참았다.

이 순간만 잘 넘기면 오늘 하루가 편안해질 것이라 생각하니 생각보다 어렵지 않았다.

소백산의 철쭉이 아직 피지 않았다는 소식에 회장님은 고민 끝에 산행지를 구봉대산으로 변경하셨다. 작년 여름 폭우로 인해 개울을 건너지 못하고 되돌아왔던 그 산이었다. 숲속에 들어서니 늘씬한 나무들이 하늘을 가리며 빽빽하게 서 있었고, 뜨거운 햇볕을 막아주어 여름 산행지로 제격이었다.

오늘은 후미 대장님이 선두에 섰고, 회장님께서 후미를 맡으셨다. 몸 상태가 좋지 않아 후미에서 벗어나기 어려울 것 같았지만, 회장님께 의지하면 되겠지 싶었다. 김진택님이 나를 업고 가겠다는 농담으로 격려해준 덕분에 용기가 생겼다. 회장님의 따뜻한 말씀을 들으며 힘들지만 차분하게 산을 올랐다.

얼마나 올랐을까, 선두가 잠시 쉬는 동안 나는 일행을 앞질러 나가기 시작했다. 후미에서 뒤처지는 것이 싫었기 때문이다. 그렇게 간격을 벌리자 더 이상 후미에서 지체하지 않게 되었다. 출발 전에 느꼈던 걱정과 고민도 맑은 공기와 신선한 산의 기운 덕분에 조금씩 사라졌다. 피톤치드 가득한 공기를 마시며 기운을 차렸고, 지쳤던 몸도 서서히 회복되는 기분이었다.

등산 스틱 대신 길가에서 주운 나무 지팡이에 의지하며 산을 올랐다.

손에 쥐는 순간, 마치 시골 노인의 발걸음을 닮은 듯 소박한 기분이 몰려왔다. 트레킹 폴을 사용할 때는 늘 당당한 산악인의 태도를 지녔다면, 투박한 막대 하나만으로도 마음가짐이 전혀 달라지는 경험이었다.

장비의 겉모습이 우리의 자존감과 인식에 얼마나 큰 영향을 주는지 새삼 깨달았다. 비록 단순한 나무 막대였지만, 그 순간에는 든든한 동반자가 되어 주었다. 외형에 치우치지 않고 본질을 바라보는 겸손함, 오늘 산행이 내게 남겨준 조용한 가르침이었다.

능선에 오르자 산비탈 사이로 푸른 하늘이 간간이 드러났지만, 산은 여전히 짙은 그늘로 우리를 감싸안고 있었다. 덕분에 뜨거운 햇살을 피해 시원한 그늘 속에서 오를 수 있어 고마운 마음이 들었다. 문득 아래쪽 소나무 숲을 바라보니, 마치 연기처럼 뿌옇게 피어오르는 것이 눈에 들어왔다. 처음엔 어디선가 불이 난 줄 알았다. 그러나 곧 그것이 연기나 불길이 아닌, 송홧가루가 바람을 타고 일으키는 신비로운 장면임을 깨달았다. 소나무에서 흩날리는 연노란 가루들이 무리 지어 일제히 솟아올라, 마치 숲속에서 거대한 춤판이 벌어진듯 했다. 온 숲은 황금빛 안개에 감싸인 듯 했고, 살아 숨쉬는 생명의 기운을 쏟아내고 있었다. 자연이 연출한 이 장관 앞에서 나는 그저 숨을 죽이고 감탄할 수 밖에 없었다.

짙은 푸르름 속 가느다란 소나무들이 한데 어우러져 숲을 이루고 있었다. 그러나 능선을 따라 더 높이 오르자, 굵고 튼튼한 소나무들이 제 빛깔과 기개를 드러냈다. 묵직하게 뿌리내린 그 나무들은 오랜 시간 비바람

을 이겨낸 흔적을 고스란히 간직하고 있었다. 바람에 흔들리는 소나무 가지 사이로 푸른 하늘이 반짝였고, 숲의 속살을 조금씩 드러내는 그 장면 속에서 자연의 힘과 아름다움에 다시 한번 감동했다. 숲을 이루는 나무 하나하나가 마치 오래된 친구처럼 느껴지던 그 순간, 소나무들이 주는 그늘과 신비로운 송홧가루의 춤은 우리에게 이 산행을 더욱 특별하게 해주었다.

구봉대산은 불교의 생로병사와 윤회를 담고 있는 산으로, 아홉 개의 봉우리가 이어져 인생의 여정을 상징하고 있다고 했다. 봉우리들은 웅장하지는 않지만 각각 특징과 의미가 담겨 있어 산행 중에 묵직한 교훈을 주었다. 어린 시절부터 노년기까지, 죽음과 윤회를 거쳐 다시 태어나

는 과정을 봉우리들이 표현하고 있다고 했다. 인생이 허망하지만은 않으며, 올바르게 살면 그 끝에 새로운 시작이 있다는 가르침이 담겨 있다고 한다.

오늘은 나답지 않게 연약한 모습을 보였지만, 회원님들의 따뜻한 격려와 배려 덕분에 큰 힘을 얻을 수 있었다. 서로의 친절이 오고 가는 가운데 280산악회가 사랑과 행복이 가득한 모임이라는 것을 다시금 느꼈다. 구봉대산 산행을 마치고 집에 도착하니 밤 9시, 예상보다 일찍 도착해 마치 보너스를 받은 듯한 기분에 흐뭇했다.

물장구 치며 동심으로
- 도명산 화양구곡

2011. 7. 25.

　도명산은 좀처럼 쉽게 그 모습을 드러내지 않았다. 짙은 운무로 뒤덮인 도명산은 하늘과 땅, 산과 구름이 하나가 되어 어디까지가 하늘이고 어디부터가 산인지 분간할 수 없었다.

　앞서 길을 안내하는 분의 발걸음을 따라, 우리는 묵묵히 빗속을 헤치며 나아갈 뿐이었다. 운무에 싸인 산은 한 발짝 다가서면 금세 사라져 버릴 듯 아련한 신비로움을 품고 있었다. 도명산은 모든 것을 드러내기보다는, 스스로의 비밀을 간직한 채, '다음에 다시 와서 풀어보라.'는 듯 조용히 초대장을 건네는 것 같았다.

　산행은 비와 함께 시작됐다. 우리는 각양각색의 우의를 입고, 손에는 우산을 든 채 한 발 한 발 내디뎠다. 하지만 금세 우의는 거추장스러워졌다.

　오르막을 따라 걷다 보니, 빗방울보다 더 굵게 떨어지는 땀방울에 우의를 벗어야 했다. 우산도 그리 편한 동행은 아니었다. 나뭇가지에 자꾸 걸려 발걸음을 멈추게 해서 접어 넣고 싶었지만, 빗방울을 직접 맞고 싶지 않아 끝내 우산을 접지 못했다.

정상에 다다랐을 때도 여전히 비는 내리고 있었다.

우산을 접었다 펼치며 꾸준히 걷다 보니 어느덧 정상석이 눈앞에 보였다. 짧게 인증샷을 남긴 후, 비가 잠시 멈춘 틈을 타 점심을 준비했다. 하지만 비의 휴식은 짧았다. 몇 숟갈 나누지도 못한 사이, 굵은 빗줄기가 다시 우리 머리 위로 쏟아졌다. 우리는 우산을 펼쳐 든 채 빗속에서 서둘러 점심을 마저 먹었다. 물에 젖은 도시락을 들고도 묵묵히 식사를 이어가며, 누군가 말했다.

"빗물에 말아 먹는 점심도 나중엔 좋은 추억이 되겠지."

그 말이 맞았다. 이런 산행이 아니면, 빗속에서 점심을 나누는 특별한 추억을 쌓을 기회는 없을 테니까. 작은 순간 하나하나가 성글성글 익어가는 소중한 기억으로 남았다.

하산길에 접어들자, 멀리서 계곡물 흐르는 소리가 들려왔다. 땀과 비에 흠뻑 젖은 우리는 그 소리에 마음이 설레기 시작했다. 차가운 계곡물 속에 몸을 담그고 싶은 마음이 간절해졌다. 주차장에 도착하자, 갈아입을 옷을 챙기기 위해 잠시 차로 달려갔다. 다시 계곡으로 돌아왔을 때, 이미 많은 이들이 물속에 뛰어들어 물싸움을 하고 있었다. 아이처럼 물속에서 장난치는 모습이 얼마나 즐거워 보였던지! 결국 나도 그 즐거운 장면을 보고만 있을 수 없어 물속에 뛰어들었다.

　수영은 못했지만, 시원한 계곡물에 발을 담그고 몸을 적시는 것만으로도 충분했다. 물이 차가웠지만 그만큼 상쾌함도 더했다. 물놀이에 열중하던 중, 저 멀리 바위에 앉아 계신 대장균 대장님의 모습이 눈에 들어왔다. 옷을 준비하지 못한 대장님은 물놀이에 여념이 없는 우리를 바라보며 미소를 띠고 있었다.

　그 모습을 보니 괜스레 미안한 마음이 들었지만, 함께 웃고 즐기며 계곡의 시원함을 만끽하는 우리 모두의 모습은 참 행복해 보였다. 여름 산행의 진정한 묘미는 바로 이런 계곡에서의 물놀이가 아닐까 싶었다.

　산행이 끝날 무렵, 나는 자연의 넉넉함과 신비로움에 감사한 마음이 들었다. 그날 우리는 산과 물, 비와 바람이 준비한 자연의 선물을 아낌없이 누렸다. 또 동료들과 웃음과 즐거움을 나누며 함께한 시간은 더없이 값진 추억으로 남았다.

비는 우리에게 불편함을 준 것이 아니라, 산행을 더 풍성하게 해준 친구 같았다. 비를 맞으며 내디딘 한 걸음 한 걸음, 그리고 그때마다 피어났던 웃음과 이야기는 우리를 더 가깝게 묶어 주었다. 돌이켜보면 도명산은 그날 우리에게 전부를 보여주지 않았다. 짙은 운무 속에 신비를 감춘 채, 우리에게 새로운 궁금증을 남겼다. 그날 산행의 아름다움은 바로 그 신비로움 속에 있었다.

나는 언젠가 다시 도명산을 찾으리라 마음먹었다. 그날 다 보지 못한 도명산의 참모습을 만나러, 그리고 그 속에서 또 다른 이야기를 만들기 위하여.

　자연과 함께, 동료들과 함께 쌓아가는 행복한 추억을 영원히 마음에 새기고 싶다. 그날의 비와 함께한 산행은 우리 모두의 마음속에 깊이 새겨졌다. 산이 주는 매력은 언제나 새로운 감동으로 다가온다.

만산홍엽의 티
- 설악산 흘림골

2011. 10. 10.

설악산은 나에게 마치 오래된 친구와도 같은 산이다.

매년 한 번 이상은 꼭 찾아가는 연중행사처럼, 설악산은 내 마음속 깊은 곳에 자리하고 있다. 설악산은 아픔과 두려움, 기쁨과 행복, 때론 배고픔과 외로움까지 온갖 감정을 경험하게 해준 산이다. 그래서 설악산은 단순한 산이 아닌, 추억과 배움의 산이며 신비로 가득한 장소로 남아 있다.

설악산을 떠올리면 늘 정겨운 품에 안기는 듯한 느낌이 든다. 설악산 산행 계획이 잡혔을 때 나는 조금의 망설임도 없이 그 계획을 내 마음에 품고 며칠을 설레며 기다렸다. 설악산은 늘 첫 발을 내딛는 순간부터 마음속 깊이 스며드는 산이다. 아마도 그곳에서 얻은 수많은 경험들 때문일 것이다.

이번 산행은 오랜만에 다시 양재역 1번 출구에서 시작되었다.

한 달, 혹은 두 달 동안 정기산행을 건너뛰다 보니 산을 향해 나서는 발걸음이 더욱 가볍고 설렜다.

　버스는 이미 단풍이 곱게 물든 설악산을 그리워하는 우리의 마음을 싣고 달렸다. 차창 밖으로 엷은 안개가 가을 들녘을 감싸며 우리의 시야를 가렸지만, 그 속에서도 노랗게 익은 황금 들판이 얼핏얼핏 눈에 들어왔다. 추수가 끝난 빈 논에 남겨진 볏짚들은 왠지 모를 쓸쓸함을 내뿜고 있었고, 먼 산 위에는 가을빛이 선연하게 내려앉아 있었다. 우리는 이미 머릿속으로 설악산의 가을 풍경을 그리며 그곳을 향해 달려갔다.

　설악산에 도착하니, 우리를 반겨준 것은 곳곳에 화사하게 핀 단풍들이었다. 아직 불타는 붉은 단풍은 아니었지만, 풋풋한 단풍이 오히려 더 매력적으로 다가왔다. 한계령을 지나 흘림골 계곡 입구에 도착해 산행 준비를 마치니, 이미 많은 사람들이 그곳을 가득 메우고 있었다. 가을 단풍철에 사람이 없다면 오히려 가을이 더 쓸쓸했을 것이다. 곳곳에서 관광버스가 사람들을 끊임없이 토해 내고, 산은 그 많은 사람들로 인해 활기를 띠었다. 우리 일행도 그들 사이에 섞여 마치 흐르는 강물처럼 자연스럽게 산을 오르기 시작했다.

　설악산의 매력은 단풍에만 있지 않다. 기암괴석들이 각기 다른 자태로 우리의 눈길을 사로잡았다. 어느 각도에서 보면 새의 날갯짓 같기도 하고, 다른 각도에서는 돌고래처럼 보이기도 한다. 보는 각도마다 다른 얼굴을 보여주는 바위들은, 왜 이곳이 '만물상'이라 불리는지 단번에 깨닫게 했다.

장엄하게 서 있는 기암괴석들은 설악산의 위엄을 그대로 보여주고 있었다. 그 앞에서 나는 그저 입이 열려 닫히지 않았다. 단풍을 보러 왔다가 기암괴석에 넋을 빼앗긴 셈이다. 단풍의 화려함에 너무 눈이 부실까 봐, 하늘의 태양도 엷은 면사포 같은 구름인지 안개인지를 드리우고 살짝살짝 얼굴을 내비친다. 그런 속에 울긋불긋한 단풍은 바위들을 더욱 돋보이게 치장을 해주고 있었다. 단풍과 어우러진 바위들의 모습은 그야말로 가히 예술이었다. 하지만 사람들로 북적이는 산은 어딘지 아프게 느껴졌다. 발길이 닿는 곳마다 샛길이 생겨나고, 산은 여기 저기 상처를 입고 있었다. 자연을 대하는 우리의 태도에 대해 다시금 생각해 보게 하는 순간이었다.

등선대에 도착했을 때, 이미 그곳은 사람들로 가득 차 있었다. 앞으로도 뒤로도 움직일 수 없을 만큼 길은 꽉 막혀 있었다. 산행은 때로 인내심을 요구한다. 점심시간이 되자 사람들이 조금씩 흩어지기 시작했고, 우리도 계곡 옆에 자리를 잡고 맛있는 점심을 나누었다. 많은 인파 속에서도 함께 나누는 식사와 웃음은 그 순간을 특별하게 만들어주었다. 산행은 점심 후에도 이어졌지만 끊임없는 사람들의 흐름에 발걸음이 더뎠다. 질서와 인내를 요구하는 순간들이 이어졌고, 그 과정에서 샛길로 빠지려는 사람들도 보였다. 샛길로 나갔다가 돌아오는 사람들에게는 야유가 쏟아졌지만, 모두가 같은 마음으로 힘겹게 걷는 상황에서 질서를 지키려는 모습은 충분히 공감되었다.

　　그날의 산행은 온 산을 물들인 단풍의 아름다움보다, 기다림과 인내의 시간이 더 깊게 남은 여정이었다. 만산홍엽의 아름다움을 담기 위해 나선 발걸음이었으나, 예상보다 힘들고 지치는 경험으로 남았다. 하지만 그 경험조차 우리에게는 삶의 또 다른 배움의 시간이 되었을 것이다.

설악산 산행은 단순히 자연을 즐기는 것을 넘어선 의미가 있다. 그곳에서 우리는 질서의 중요성을 배웠고, 인내의 가치를 깨달았다. 기다림이 지루하고 힘들지만, 그 속에서 배울 수 있는 것도 많다.

이번 산행은 특히 더 그러했다. 함께 걷는 것의 의미, 그리고 그 속에서 얻는 작은 배움들. 비록 힘든 순간도 있었지만, 그 경험이 우리를 더욱 성장하게 만든다는 생각에 마음이 뿌듯했다. 최고의 극기 훈련장으로 오래 기억될 것 같다.

산행이 끝난 후, 속초로 이동해 저녁을 먹기로 했다. 차가 막힐 것을 예상해 회장님의 배려로 여유롭게 저녁을 즐길 수 있었다. 풍성하게 차려진 횟집에서 함께 건배를 나누며 하루의 피로를 말끔히 씻어냈다. 평소에 회를 즐겨 먹지 않았지만, 함께하는 사람들의 정성과 따뜻한 마음 덕분에 그날의 회는 더욱 특별하게 느껴졌다. 매운탕 국물까지 얼큰하게 즐기며 하루의 산행이 주는 피로를 완전히 잊었다.

하루 종일 이어진 느린 산행이었지만, 마지막 저녁은 유쾌한 웃음과 함께 마무리되었다. 설악산은 여전히 나에게 많은 이야기를 남겼고, 그 추억은 마음속 깊이 자리 잡았다.

산은 세탁소, 헬스케어
– 남덕유산

두 주가 지나 다시 산행 날이 찾아왔다. 오랜만에 나서는 듯한 착각이 잠시 스쳤지만, 곧 마음을 가다듬고 서둘러 준비를 했다. 산행 그 자체도 좋지만, 무엇보다도 정이 깊은 산우들과 함께하는 시간이 그리웠다. 어느덧 주말마다의 산행이 내 삶의 중요한 부분이 되어버린 것 같다. 배낭을 챙겨 하계역에 도착했을 때, 주머니 속 휴대폰이 진동했다.

여유님이었다.

"지금 어디야?" 하기에 하계역이라 대답했더니,

"이제야 하계역이면 어떡해!"

라는 말에 순간 뒤통수를 얻어맞은 듯 멍해졌다. 시계를 확인하니 다행히도 5시 50분, 제시간에 도착했음을 깨닫고 안도의 한숨을 내쉬었다. 여유님은 벌써 양재역에 도착해 있었다.

"차에서 좀 자고 있을 테니 도착하면 깨워줘!"

라며 통화를 끊었다. 그제야 마음이 놓였다. 양재역에 도착하니 반가운 얼굴들이 기다리고 있었다. 오랜만에 만난 산우들과 정겹게 인사를 나누는 동안, 경남관광버스가 거의 빈 상태로 도착했다. 뭔가 이상했다.

"어떻게 된 거야?"

물었더니, 오늘은 양재에서 거의 모든 자리가 채워진다고 했다. 점점 양재에서 버스를 타는 사람들이 늘고 있다는 사실이 조금 이상 야릇했다.

버스는 남덕유산을 향해 힘차게 달려갔다. 창밖으로 펼쳐진 풍경은 늦가을의 기운을 가득 품고 있었지만, 짙은 안개가 그 아름다움을 감싸고 있어 선명한 모습은 좀처럼 드러나지 않았다. 안개 너머에 분명 붉게 물든 단풍과 고운 낙엽이 기다리고 있을 텐데, 자연은 마치 수줍은 연인처럼 쉽게 모습을 드러내려 하지 않았다.

아쉬움을 느끼며 가을의 정취를 좀 더 느끼고 싶었지만, 창밖에선 잿빛 안개만이 유유히 스쳐갔다. 혹시라도 다음 장면에 아름다운 풍경이 펼쳐질까 싶어 눈을 떴다 감았다 했지만, 눈꺼풀은 끝내 무겁게 내려앉지 않았다.

어느덧 깊어가는 가을 속을 달리며, 나는 문득 남덕유산이 우리에게 어떤 얼굴을 보여줄지, 그곳에서 어떤 감동을 느끼게 될지 기대에 젖었다. 아직 모습은 감추고 있지만, 이 안개가 걷힐 때면 분명 산은 더 깊고 짙은 모습으로 다가올 것이다. 그렇게 설렘과 기대를 안고 남덕유산을 향해 한 걸음씩 다가가고 있었다.

　이번 산행은 조금 특별했다. 두 조로 나뉘어 산행을 하기로 했다. A조는 '특공대'라 불리며 청궁님과 함께 조금 더 긴 코스를 오르게 되었다. 5km 정도 더 걸어야 했기에, 빠른 속도로 산을 오를 자신이 있는 사람들만 합류할 수 있었다. 솔솔바람님은

　"특별히 공부 못하고 대가리만 큰 OOO"

　이라며 특공대 이름을 재미있게 표현해 모두가 크게 웃었다. 나도 A조의 일원이었다. A 조의 11명과 나머지 산우들은 각자 자신만의 속도에 맞춰 산행을 이어갔다.

가을의 마지막 흔적을 찾아보려 했지만, 산은 이미 겨울 준비에 한창이었다. 나무들은 잎사귀를 모두 떨구고 한결 가벼워진 모습이었다. 그 모습을 보니 고맙고 동시에 쓸쓸한 기분이 들었다. 한때 푸르름으로 가득 찼던 나뭇잎들이 이제는 땅 위에 흩어져 발걸음을 부드럽게 받아주고 있었다. 낙엽이 바스락거리는 소리가 어쩐지 마음을 편안하게 만들었다. 어디선가 들으니, 그 소리는 심리 치료에도 효과가 있다고 한다.

자연이 주는 선물은 끝이 없다는 생각이 들었다. 우리는 그 소리를 자연의 음악으로 삼아, 지친 몸을 이끌며 계속 걸었다. 벌거벗은 나무들 사이를 걷는 동안 하늘은 여전히 안갯속에 태양을 감춘 채 우리의 그림자를 가려주었다. 가끔 얼굴을 비춰주는 햇살이 반가웠다.

특공대를 이끈 청궁님은 우리에게 쉬지 않고 계속 가자고 했다. 물론 모두를 위한 것이었겠지만, 시작부터 헉헉거리며 따라가는 우리에게는 고된 여정이었다. 앞에서 빠르게 이끄는 솔솔바람님, 양의원님, 여유님 덕분에 숨이 찼다. 폐활량이 좋은 나도 힘들었으니 다른 산우들은 얼마나 더 지쳤을까 싶었다. 나중에 들으니 너무 힘들어 눈물이 날 것 같았다고 하는 사람도 있었다.

그렇게 60령에서 시작해 할미봉을 거쳐 남덕유산 정상에 올랐다. 정상석마다 새겨진 빨간 글씨가 인상적이었다. 처음에는 할미봉의 빨간 글씨가 예쁘게 보이려는 의도인가 싶었는데, 서봉과 남덕유산 정상석에도 모두 빨간 글씨였다. 이 산만의 독특한 특징이었을까?

이번 산행에서 단풍은 이미 끝난 후였지만, 벌거벗은 나무들과 늦가을의 정취도 운치 있었다. 낙엽 소리와 함께 남덕유산의 마지막 가을을 음미했다. 산행 내내 솔솔 불어오는 바람은 마치 산이 세탁소가 되어 우리의 몸과 마음을 깨끗하게 정화해 주는 듯했다. 솔솔바람님의 "산은 세탁소이자 정비소"라는 말이 떠올랐다. 거기다 여유님은 늘 "산은 헬스케어"라 말하곤 했다.

이렇게 한 걸음씩 걸으며 느낀다. 산은 우리를 더 건강하게 만들고, 고된 마음을 다듬어주는 힘이 있다는걸.

매번 산을 오를 때마다 그들이 남긴 말이 맞다는걸, 또 산이 주는 깊고 잔잔한 치유를 느낀다. 바람에 나무는 흔들리고, 발아래 흙은 부드럽게 밟혔다. 신선한 공기를 깊이 들이쉴 때마다 지친 일상은 씻겨 나가고, 내면에 고요함이 차오른다. 그래서 나는 산을 나의 "행복 생산지"라 부르고 싶다. 오늘도 그곳에서 진정한 행복과 평화를 배웠다.

하산길에서는 다리를 다친 노루웨이 대장님이 고생을 많이 하셨다.

그 길은 쉽지 않은 여정이었을 것이다.

　오늘 산행은 두 팀으로 나뉘어 함께 하지 못한 이들과의 교감이 조금 부족하게 느껴지기도 했다. 점심시간도 북적거리며 보내지 못하고 오붓하게 보냈다. 하지만 긴 코스를 걸으며 더 많은 것을 보고 느낄 수 있었다. 산은 언제나 우리에게 더 많은 깨달음을 준다.

이런들 어떠리 저런들 어떠리
만수산 드렁칡이 얽혀진들 어떠리
우리도 이같이 얽혀져서 백 년까지 누리리라.

　오늘 산행에서 함께했던 모든 순간이 이 시와 닮아 있지 않나 싶다. 자연과 사람들과 얽혀서 행복을 누리는 시간, 그것이 산행의 진정한 의미가 아닐까?

여가와 휴식이 되어주는 아기자기한 삼성산

　맑고 푸른 하늘은 구름 한 점 없이 드넓게 펼쳐져 있었다. 그 아래 초록으로 가득한 산과 들은 마치 신록의 여왕이 세상을 푸르게 단장한 듯 빛나고 있었다.

　나뭇잎들은 짙은 초록빛도, 연약한 연녹빛도 아닌, 적당히 푸르고 적당히 부드러운 색감을 자랑하며, 마치 우아한 선율을 타듯 천천히 넓어져 가고 있었다. 그 위로 햇살이 쏟아져 들어와 반짝이며 손뼉을 치고, 산들바람이 살랑살랑 불어와 젖은 땀을 식혀주었다. 그 모든 것이 완벽하게 어우러진 하루였다.

　자연의 숨결 속에서 나는 하나부터 열까지 마음과 뜻을 모아 행복과 아름다움을 가꾸는데 하나라도 부족함이 없다는 걸 깨닫게 되었다. 모든 것이 제 자리를 잡고 함께 춤추고 있었다.

　오늘은 뜻밖의 번개 산행인데도 불구하고 35명이나 되는 많은 산행 벗들이 삼성산을 오르기로 했다. 처음 들머리에 도착해 한참 버스로 올라간 뒤에야, 이제 본격적으로 산행이 시작될 줄 알았다.

하지만 산행은 곧바로 시작되지 않았다. 그저 워밍업에 불과했다. 숲속의 희미한 흔적을 따라가며, 마치 정글을 탐험하듯 발걸음을 옮겼다.

나뭇가지에 걸리고, 허방에 빠지기도 하며, 때로는 나뭇가지에 머리카락이 걸리기도 했다. 왜 이렇게 험한 길로 가야 하는지, 혹시 길을 잘못 든 건 아닌지 의문이 들었다.

그 순간, 2년 전 중원산 산행에서 길을 잃고 헤맸던 기억이 떠올랐다. 그때는 하산하던 중 급경사의 돌무더기 속을 내려가다 길을 잃었고, 되돌아 올라오라는 외침에 불평을 터뜨리며 비탈진 돌길을 수없이 미끄러지며 되짚어 올라갔다. 정말 심란했지만, 돌이켜보면 잊을 수 없는 귀한 추억이 되었다. 오늘도 마찬가지로 정글 같은 숲을 헤치며 나아갔지만 두려움은 없었다. 앞에서 우리를 이끄는 인재 대장님을 믿고 묵묵히 따라갔다.

어느 순간 평탄한 길이 나타났고, 우리는 한숨을 돌렸다.

그런데 좀 이상했다. 다른 사람들은 산을 오르는데, 우리는 반대로 하산하고 있었다. 머릿속이 복잡해졌다. 산행이 잘못된 방향으로 가는 건 아닌지 궁금해졌다. 함께하는 다른 이들은 그저 묵묵히 걷고 있었지만, 나 혼자 속으로는 이런저런 생각에 사로잡혔다. 한참을 내려가다가 다시 좁은 산길을 타고 오르기 시작하더니 이제야 제대로 된 길을 찾은 것 같았다.

드디어 작은 공터에 도착해 배낭을 내려놓고 짧은 휴식을 가졌다. 땀으로 젖은 몸과 마음을 정리하며 배낭에서 꺼낸 간식으로 입을 즐겁게 했다. 잠시 후, 낯선 얼굴들과 간단한 인사를 나누고, 스트레칭을 하며 몸을 풀었다. 본격적인 산행이 이제야 시작된 것이다.

삼성산은 477미터에 불과한 산이지만, 단순히 '낮은 산'이라고 하기에는 그리 만만치 않았다. 오늘 우리는 자그마치 6시간 동안 산을 올랐다. 산행은 단순히 높이만이 아니라는 걸 다시금 깨달았다. 우리는 삼성산을 구석구석 탐방하며, 때로는 길을 잃고 돌아서기도 하고, 여유로운 숲길을 오롯이 전세 낸 듯 걸어가기도 했다.

깎아지른 바위 틈 사이를 지나며 뚱뚱한 사람은 못 지나간다는 농담을 주고받기도 했다. 온갖 형태의 바위들이 마치 우리를 시험하듯 앞에 서 있었지만, 우리는 거침없이 그 바위들을 기어올라갔다.

삼성산은 아담하지만 다채로운 매력을 품은 산이었다. 깎아지른 절벽 같은 바위부터 잔잔한 숲길까지, 그 모든 것이 아기자기하게 펼쳐져 있었다. 이 산은 그저 높이만으로 평가할 수 없는, 사람들의 여가와 휴식의 공간이 되어 주는 아름다운 산이었다.

정상이 손에 잡힐 듯 가까워질 때, 드넓은 마당바위가 우리 앞에 펼쳐졌다.

멀리 펼쳐진 경치를 감상하고 있을 때였다. 갑자기 모두의 시선을 사로잡는 장면이 펼쳐졌다. 인재 대장님의 배낭에서 커다란 수박 한 통이 꺼내진 것이다. 우리 모두 환호성을 질렀다. 껍질이 벗겨진 새빨간 수박이 마치 마법처럼 나타나 단번에 시원함을 안겨주었다.

어느 한곳도 으깨지지 않고 모양을 그대로 갖춘 두 통의 시원한 수박은 차가운 얼음팩에 덮여 얌전히 나왔다. 대장님이 준비해 온 그 정성과 배려에 우리는 감동하지 않을 수 없었다. 굵직하게 썰린 수박 조각들은 모두의 손길을 타고 순식간에 사라졌다. 그 순간의 수박은 그야말로 지상 최고의 시원하고 상큼한 맛이었다고 말하고 싶다.

산행을 하다 보면 동료들이 준비해 온 음식은 늘 감동을 준다. 각자 자신만의 솜씨를 담아 마련한 음식들은 작은 요리 대회를 방불케 할 정도다. 나는 그저 맛있게 먹는 역할뿐이지만, 그 순간만큼은 함께 나누는 즐거움 속에 나 또한 한몫하고 있다는 위안을 얻는다.

하산길에 계곡을 그냥 지나칠 수가 없었다. 작게 흐르는 계곡물이었지만, 피로를 느낀 발을 담그는 순간 그 시원함이 온몸을 감싸며 청량제를 마신 듯했다. 날씨가 제법 따뜻해졌음에도 물은 여전히 차가워, 발을 오래 담그고 있기는 힘들었지만 잠시 동안의 상쾌함은 그 자체로 충분히 좋았다.

　그리고 산행 후 뒤풀이는 늘 특별하다. 평소에는 바쁜 일정뒤풀이에 참석하기 어려웠지만, 오늘은 어쩌다 보니 함께하게 되었다.
동료들과 함께 땀을 흘린 후 마시는 시원한 음료는 그야말로 천국의 맛이었다. 각자의 이야기를 나누며 웃고 떠드는 그 시간은 고생 끝에 얻은 작은 축복과 같았다. 함께한 이들끼리 서로를 더 알아가며 우정을 쌓아가는 그 순간이 참으로 소중했다.

　오늘의 산행은 길지 않았지만, 그 속에 많은 이야기와 추억이 스며 있었다. 힘들었지만 보람찼고, 때로는 고되었지만 그만큼 감사와 행복을 느낀 하루였다.

　리딩을 맡아 주신 깍쟁이 대장님과, 모든 길을 인도해 주신 인재 대장님, 그리고 함께 산을 오른 모든 산행 벗님들, 그대들 덕분에 오늘 하루가 더욱 빛났습니다. 여러분 덕분에 참으로 행복했습니다.

"함께해서 정말 행복했습니다!"

누가 가은산을
살방살방이라 했던가

2012. 6. 11.

몸에 맞지 않은 헐렁한 셔츠를 걸친 듯 널찍하고 편안한 버스에 몸을 실었다. 여유롭게 앉아 있지만, 마음은 어딘가 모르게 허전하다. 빈 좌석들이 듬성듬성 보이는 탓일까? 가득 찬 버스가 아니라 비워진 자리만큼 마음에도 공허함이 스며드는 느낌이었다. 회장님과 임원진들께서 이러한 빈자리를 보고 얼마나 안타까워하실지 선하게 떠올랐다. 그 마음을 생각하니 나도 괜스레 가슴이 저려왔다. 요즘은 모두가 바쁘게 살아가며, 정작 일주일에 단 하루라도 자신을 위해 쓸 수 있는 시간이 얼마나 귀한지 잊고 지내는 듯하다. 그 생각을 하니 마음 한편에 아쉬움이 스며들었다.

이른 새벽, 억지로 졸음을 밀어내고 일어나 주섬주섬 짐을 챙겼다. 준비를 마친 후 지하철에 올라 양재역을 향하는 길. 상봉역을 지나칠 무렵, 갑자기 왼쪽 귀에 찌릿한 통증이 느껴졌다. 아프다기보다는 순간적으로 날카롭게 찌르는 듯한, 예민하게 신경을 자극하는 통증이었다. 종종 찾아오는 통증이었지만, 오늘은 유독 더 아프게 느껴졌다.

　산행 준비를 마치고 사랑하는 산행 동료들과 반갑게 인사와 포옹을 나누며 오늘의 여정을 시작했다. 그런데 회장님과 곰돌이님이 산행에 어울리지 않는 복장으로 자가용에서 내리는 것을 보고 의아했다. 이유를 물으니, 가정사로 인해 오늘 산행에 동행하지 못하고 배웅만 하러 나왔다는 것이었다. 아쉬웠지만, 그들의 배웅에 담긴 마음을 생각하며 우리끼리 버스에 올랐다.

　버스는 경쾌하게 도로를 달렸지만, 내 마음은 그리 가볍지 않았다. 예전에는 멀미가 없었는데, 언젠가부터 버스에 타기만 하면 속이 울렁거리고 기운이 빠지기 일쑤였다. 오늘따라 그 멀미는 더 심했다. 도착해서 차에서 내리니 다리에 힘이 풀려 금방이라도 쓰러질 것만 같았다. 에고, 나답지 않게 이런 모습을 보이다니. 곁에서 걱정하는 동료들의 눈빛이 부끄러웠다. 옆에서 행복이님이 매실즙을 꺼내 주며 기운을 차리라고 권했다. 꽁꽁 얼린 음료 덕에 정신이 확 들면서 조금 나아진 듯 했지만, 여전히 왼쪽 귀의 통증과 울렁거림은 나를 괴롭혔다. 하지만 내가 가장 좋아하는 산에 오르면 이 모든 불편함도 물러가겠지 싶었다. 몸풀기 체조를 마치고 가은산의 들머리로 향했다.

　새로 단장한 옥순교 난간 앞에서 잠시 사진을 찍으며 무거웠던 마음이 조금씩 풀리는 듯했다. 오늘의 가은산 산행은 여유롭게, 사진도 많이 찍으며 천천히 걷는 일정이라 했다. 시간도 넉넉해 저녁 7시쯤 서울에 도착할 거라는 말에 마음이 한결 가벼워졌다.

가은산은 그리 높지 않아 동네 뒷산을 오르는 기분으로 산행을 시작했다. 얼마 지나지 않아 울창한 숲이 우리를 맞아주었다. 피톤치드를 깊이 들이마시며 숲속을 걷는 동안 몸과 마음이 차츰 편안해졌다. 천천히 오르내리며 사진도 찍고, 숲의 싱그러운 공기를 만끽하며 여유를 즐겼다. 조금 더 걷다 보니, 갑자기 길이 아닌 곳으로 접어들며 예상치 못한 험한 구간이 나타났다. 위험천만한 낭떠러지 같은 길을 지나야 했는데, 다행히 앞서 간 신화창조님이 로프를 설치해 주어 모두가 안전하게 통과할 수 있었다. 그러나 이내 길이 사라졌고, 우린 잠시 멈춰 섰다.

윤 고문님께서 길을 찾는 동안 우린 기다렸다. 나뭇가지를 헤치고 급경사를 기어오르며 겨우겨우 다시 길을 찾았다. 여기저기 긁힌 상처가 아팠지만, 그것 또한 산행에서의 작은 훈장처럼 느껴졌다.

산행 중 우리는 가끔 힘든 순간을 마주한다. 길을 잃을 때도 있고, 예상치 못한 어려움과 두려움에 직면하기도 한다. 하지만 그런 경험이 쌓이면서 우리는 더 현명해지고 안전을 위한 지혜도 얻게 된다. 길을 잃었을 때 계곡을 따라 내려가는 것보다 능선을 향해 올라가야 한다는 지혜처럼 말이다. 산행은 우리에게 늘 배움을 주고, 함께하는 사람들과 더 깊은 유대감을 만들어 준다.

드디어 가은산 정상에 도착했다. 그러나 우리의 기대와는 달리, 정상은 그리 인상적이지 않았다. 물론 정상석과 푯말은 세워져 있었다. 정상이라면 숲을 벗어나 시원한 벌판 위에 정상석이 우뚝 서 있으리라는 게 우리의 상식 아닌가? 이곳 정상은 우리의 얄팍한 상식을 뒤집었다.

여전히 짙은 숲속에 작고 소박한 정상석이 자리 잡고 있었다. 그래도 우리는 인증샷을 남기며 이곳에 올라왔다는 추억을 마음에 새겼다.

하산길은 결코 만만치 않았다. 급경사의 흙길은 마른 먼지가 흩날리고, 로프 하나 없는 길을 따라 내려가는 데에는 조심이 필요했다. 먼지 투성이의 길을 내려오며, 신발과 바지에는 이미 흙먼지가 가득했다. 하지만 고난도의 하산을 무사히 마쳤다는 사실에 우리는 모두 감사했다. 다른 산행팀에서 다친 사람들의 소식도 들렸지만, 우리는 무사히 내려왔으니 다행이었다.

누가 가은산을 살방살방이라고 했던가?

여유라고는 찾아볼 수 없는 산행이었다. 잠시도 긴장에서 벗어날 수 없었지만, 힘든 만큼 보람도 크고 추억 주머니도 빵빵해지는 멋진 날이었다고 자부한다. 또 한 번의 산행 추억이 우리를 더욱 단단하게 만들었다.

오늘 충전한 행복으로 다가올 한 주를 넉넉히 살아갈 힘이 생겼다. 그저 감사한 마음으로 이번 가은산 산행을 마무리한다.

행복을 토해낸 용봉산

　바쁘게 흘러간 지난 한 달간의 공백을 뒤로하고, 드디어 280이 마련해 준 잔칫상에 젓가락을 들고 나섰다. 정성껏 상을 차려 준 임원진들의 수고에는 미처 마음을 두지 못한 채, 차려진 상 앞에 아무런 준비도 없이 앉아 젓가락을 들려는 나 자신이 조금 미안해졌다. 하지만 그 순간, 미안함보다는 감사한 마음이 더 크게 다가왔다.

잘 차려진 잔칫상 앞에서 맛있게 먹고 즐기는 것, 그것이야말로 상을 차린 이들에게 줄 수 있는 최고의 답례가 아닐까? 감사한 마음으로 오늘 하루를 마음껏 즐겨 보리라 다짐한다.

어젯밤, 아니 오늘 새벽까지도 나는 갈팡질팡했다.
"정말 갈 수 있을까? 아니, 가는 게 맞는 걸까?"
출발 직전까지도 마음의 갈등에 휩싸였지만, 마침내 결심을 다잡고 집을 나섰다. 여전히 마음 한구석이 편치 않았지만, 양재에 도착해 280가족들이 반겨주는 따뜻한 인사에 모든 의문과 불안이 눈 녹듯 사라졌다. 고마운 얼굴들, 반가운 미소들, 그저 함께 있는 것만으로도 위로가 되는 이들. 그들과의 재회가 이렇게 기쁠 줄이야!

버스가 출발했지만, 마음 한편으론 허전함이 스쳤다. 좌석들이 여기저기 듬성듬성 비어 있는 것이 괜히 쓸쓸하게 느껴진다. 오늘 함께하지 못한 동료들은 잘 지낼까? 나처럼 이 순간을 그리워할까? 내 자리가 비었을 때, 그들도 나를 떠올리며 궁금해 했을까? 어쩌면 나 혼자만의 상상일지도 모르지만, 괜히 그런 상상을 하며 웃음이 났다. 설사 착각이라 해도 좋다. 이런 생각마저도 내겐 즐거운 상상이니.

차창 밖 풍경에는 한여름에서 가을로 넘어가는 계절의 변화가 선명했다. 얼마 전까지만 해도 모내기가 끝나 파랗던 논이 이제는 누렇게 익은 벼 이삭들로 가득하다. 한껏 익어 묵직하게 고개 숙인 벼 이삭들이 마치 세상의 모든 고난을 견뎌낸 모습처럼 다가왔다. 뜨거운 여름 햇볕, 거센 폭우, 휘몰아치는 태풍을 견뎌내고 무르익은 그 모습이 우리의 삶과도 닮아 있지 않은가. 세상의 어려움을 견디고 선 그 모습에서, 나도 다시금 마음을 다잡았다. 머지않아 풍요로운 수확의 기쁨이 그간의 힘듦을 달래 주기를, 그리고 다시금 풍성히 채워지기를 바라본다.

드디어 용봉 초등학교에 도착했다. 출발 직전부터 차창을 톡톡 두드리던 빗방울이 작은 경고처럼 느껴졌다. 하늘은 잿빛 먹구름으로 가득했지만, 총대장 수정하나님의

"오후 1시까지는 비가 내리지 않으니 걱정하지 말라"

는 자신감 넘치는 한마디에 마음이 묘하게 편안해졌다. 이따금 머리 위로 떨어지는 빗방울에도 아랑곳하지 않고

"하늘 물 창고가 오늘은 문을 열지 않겠지"

하며 우리는 용봉산으로 향하는 발걸음을 가볍게 내디뎠다.

용봉산은 높지 않은 산이지만, 우리에게 주는 즐거움은 결코 작지 않았다. 381미터라는 높이를 얕봤던 내가 부끄러워질 정도로, 오르내리기를 반복하는 봉우리마다 도전정신이 불타올랐다. 거대한 바위들이 누워 있는 듯 보였지만 가까이 다가가면 하나같이 다른 모양을 하고 있었다. 거대한 용이 산을 휘감고 있는 듯한 모습, 마치 잘 다듬어진 용의 등을 타고

오르는 기분이 들게 하는 형상들. 용도사, 미륵암, 투석봉, 최영 장군 활터, 노적봉, 용봉사... 매 봉우리가 새로운 도전이었고, 발걸음이 닿을 때마다 성취감이 차올랐다.

"이 작은 산에 이렇게나 많은 봉우리들이 있다니!"

감탄을 금할 수 없었다. 기암괴석들로 빼곡한 이 산은 그야말로 아기자기한 매력이 넘쳤다.

우리 일행의 쩌렁한 목소리와 자지러질 듯한 웃음소리가 산 전체를 울렸다. 마치 우리가 산을 독점한 듯, 들려오는 모든 소리가 우리 것인 양, 주변에 다른 산객이 있다는 것도 잊고 우리는 그 순간에 흠뻑 취해 있었다. 산이 이렇게 사람을 행복하게 만들다니! 그 기쁨이 가슴 가득 차오르는 순간이었다.

가을이 성큼 다가온 용봉산은 대자연의 아름다움을 고스란히 품고 있었다. 여름 내내 굵은 땀방울로 흠뻑 젖었던 몸이 어느새 가벼운 산바람에 씻겨 나가듯 상쾌해졌다. 봉우리를 오를 때마다 바람이 불어와 시원함을 더했고, 어느새 그리운 가을의 서늘한 기운이 몸을 감쌌다. 구름에 가려진 하늘은 여름의 뜨거움을 잠시 잊은 듯했고, 그 아래 서있는 우리는 태양의 짓눌림에서 벗어난 자유로움을 느낄 수 있었다.

용봉산이 작다며 얕본 것이 부끄러워질 만큼, 산이 주는 기쁨은 기대 이상이었다. 정상에 오르니 눈앞에 펼쳐지는 장관이 마음속 모든 걱정과 고민을 날려버렸다. 바위와 바위 사이를 넘나들 때마다, 한 걸음 한 걸음 내디딜 때마다 나는 그동안 쌓였던 모든 피로와 스트레스를 던져버리는 듯했다. 마치 내 안의 무거운 생각들조차 산속 깊은 곳으로 흘려보낸 기분이었다.

산행이 끝나갈 무렵, 발걸음은 어느새 한결 가벼워졌고 마음은 그 어느 때보다 자유로워졌다. 출발할 때 짐처럼 묵직하게 느껴졌던 고민들은 산바람에 흩날려 흔적도 없이 사라져 버린 듯했다. 용봉산에는 우리 모두의 웃음과 기쁨만이 남아 있었고, 내려오는 길에 다시 그 풍경을 돌아보며 행복한 여운을 마음에 담았다.

　버스에 오르며, 이번 여정을 뒤로하고 다음에는 또 어떤 산에서 새로운 기쁨을 만날 수 있을지 기대감이 밀려왔다. 서로의 얼굴에는 하루의 추억이 피어난 미소가 가득했고, 가벼워진 발걸음만큼이나 마음도 가뿐했다. 그렇게 우리는 일상의 자리로 돌아가 또 다른 하루를 기다리며 산이 준 선물을 품에 안았다.

아찔했던 순간의 원맨쇼
- 설악산 12선녀탕

2012. 9. 24.

　제주 여행의 여독이 채 가시기도 전에 나는 다시 설악산 12선녀탕 계곡 등반에 나섰다. 금요일에 한라산을 오른 여파로 아직 종아리와 허벅지 근육이 뻣뻣했지만, 12선녀탕의 맑은 물줄기가 나를 기다린다는 생각에 가족들의 걱정을 뒤로 하고 산으로 향했다.

　"설마 설악산에서 헬기 부르는 건 아니겠지?"

　라며 농담 섞인 가족들의 말을 웃으며 넘겼지만, 한편으로는 긴장이 되기도 했다.

　이번 등반 코스는 장수대를 시작으로 남교리를 날머리로 하는 루트였다. 산행 시작부터 이어진 가파른 나무 계단이 숨을 거칠게 만들었다. 대승폭포로 향하는 이 계단을 오르며 여기저기서 "왜 하필 이런 코스를 선택했을까" 하는 투덜거림이 터져 나왔고, 나 역시 한라산에서 뭉친 다리 근육을 이 계단 하나하나에 풀어내듯 힘겹게 발걸음을 옮겼다.

하지만 매일 헬스장에서 다져온 근력이 빛을 발해 비교적 수월하게 오를 수 있었고, 계단은 오히려 근육을 풀어주는 마사지나 다름없었다.

멀리서부터 대승폭포의 웅장한 물줄기가 절벽 아래로 쏟아지는 모습이 눈에 들어왔다. 우리나라 3대 폭포 중 하나인 이 폭포는 약 100미터 높이로 물이 떨어져 내리며 작은 무지개까지 만들어냈다.

얼마 전 지나간 태풍 '산바' 덕에 물줄기가 더욱 강해졌다는 윤 고문님의 설명을 들으며, 모두가 카메라 셔터를 누르고, 청아하게 울려 퍼지는 물소리에 귀를 기울이며 마음을 적셨다. 한참을 감상한 뒤 다시 등반을 시작하자 시원한 숲길이 펼쳐졌고, 그늘진 길을 따라 도란도란 이야기를 나누며 걸었다.

도토리들이 여기저기서 툭툭 떨어지며 바닥을 두드렸다. 어디선가 다람쥐들이 튀어나올 것만 같았지만, 그들도 바쁜 가을 준비로 한창일까? 아니면 잠시 가을 소풍이라도 떠난 걸까 하는 생각이 들었다. 대승령을 오르던 중 뜻밖의 선물이 기다리고 있었다.

성미 급한 단풍나무들이 가을 옷을 곱게 차려 입고 나타난 것이다. 울긋불긋한 단풍 앞에서 우리는 반가움에 웃음을 터뜨리며 기념사진을 찍었다. 나와 유경님, 윤 고문님은

"설악 스타일"

이라며 유튜브 영상 흉내를 내며 한바탕 웃음꽃을 피웠다.

대승령에 도착한 후 출출해진 우리는 각자 준비해 온 음식을 꺼내 나눠 먹으며 점심시간을 가졌다. 가을 산에서의 소박한 식사는 그야말로 별미였다. 그리고 드디어 12선녀탕 계곡으로 향할 시간. 선녀들이 물놀이를 즐겼다는 이 계곡은 과연 얼마나 아름다울지, 진짜 선녀들이 나타날 것만 같은 기대에 가슴이 설렜다.

12선녀탕 계곡에 도착하자 우리는 그 풍경에 압도당하고 말았다. 맑고 투명한 물빛은 수정처럼 반짝였고, 시원한 물줄기는 거침없이 흘러내리며 계곡을 가득 채웠다. 마치 산이 겨울을 맞이하기 위해 마지막 남은 정수를 모두 쏟아내고 있는 듯했다.

우리는 신발을 벗고 물에 살짝 발을 담갔다. 차갑고도 선명하게 전해지는 물의 기운이 온몸에 전율을 일으키며 신선한 생기가 되어 퍼졌다. 너무나 차가워 오래 담그고 있을 수는 없었지만, 그 시원함은 그동안 쌓였던 피로를 한순간에 씻어 주었다. 어느새 발끝이 맑은 물에 잠기자, 문득 이 깨끗한 물을 내가 더럽히는 건 아닌가 하는 조심스러움이 스쳤다. 이렇게 순수한 자연 앞에 서니, 작디작은 나는 경외심으로 빨려 들었다.

12선녀탕 계곡을 따라 걷는 동안 물소리는 마치 작은 오케스트라처럼 경쾌하게 울려 퍼졌고, 그 소리에 맞춰 한 걸음 한 걸음 발을 내디뎠다. 계곡을 따라 이어지는 길에는 매 순간 새로운 절경이 우리를 맞이해 주었다. 그럴 때마다 수정 총대장님은

"포즈 잡아!"

라고 외치며 사진 찍을 자리는 빠뜨리지 않았다. 우리가 어느 한 지점에서 절경을 배경으로 서서 포즈를 취하고 있을 때였다.

나와 유경님이 먼저 자리를 잡고 사진을 찍은 뒤, 그 자리에 수정 대장님이 서려는 순간, 뜻밖의 일이 벌어졌다.

"우당탕!"

하는 큰 소리와 함께 수정 대장이 서 있던 커다란 바위가 굴러 떨어지

기 시작한 것이다! 모든 게 눈 깜
짝할 사이에 일어났고 우리는 순
간 얼어붙었다.

　하지만 수정대장님은 놀라운 반
사 신경으로 빠르게 그 바위에서
옆으로 몸을 날렸다. 그 장면은 마
치 한 편의 영화처럼 선명하고도
아찔하게 다가왔다.

　가슴이 쿵쾅거리며 마치 멈추지
않을 것처럼 뛰었다. 바위가 아래로 굴러가고 나서야 우리는 모두 안도
의 한숨을 내쉬었다. 만약 그 순간 그 자리에 내가 서 있었다면, 생각만
으로도 아찔했다. 다행히 수정 대장님이 그 자리에 있었기에, 우리 모두
가 안전을 지킬 수 있었다. 한편으로는 그의 침착함과 순간적인 판단에
깊이 감사했다. 이번 일을 통해 산행 중 안전의 중요성을 다시금 절실히
느꼈다.

　산에서는 첫째도 안전, 둘째도 안전, 셋째도 역시 안전이다. 아름다운
설악산의 풍경만큼이나 우리는 자연의 위대함 앞에서는 언제나 겸손해
야 한다는 교훈을 얻었다.

12선녀탕을 지나오면서 우리는 선녀들을 만날 수는 없었지만, 맑고 청아한 물이 우리를 배웅하며 흘러 내려갔다. 아쉬움과 함께 또 다른 여정을 기약하며 남교리로 발걸음을 옮겼다. 설악산은 이렇게 또 한 번 마음속 깊은 감동과 새로운 깨달음을 남긴 채 우리를 떠나보냈다.

가을이 다녀간 자리엔
나뭇잎 대신 바람의 기억이 남아 있다.

햇살은 조금 더 낮게 머물고,
산길은 한결 조용해진다.

계절이 바뀌는 건
어쩌면 산이 우리에게 쉬어가라
건네는 말일지도 모른다.

이제, 눈 오는 길을 걸을 준비를 해본다.

가을이 물러가고 겨울이 다가온다.
산은 고요를 배우고, 나는 그리움을 배운다.

봄

여름

가을

겨울

"나무는 겨울이 오면 자신을 보호하기 위해 잎을 다 떨구는 거라네,"

누군가가 말했다.

"푸른 잎을 달고 있으면, 그 잎이 얼어버리면서

나무 자체도 얼어 죽게 만들지. 자연은 살아남기 위해

불필요한 것을 과감히 덜어내는 법이지."

그 말에 나는 잠시 생각에 잠겼다.

자연의 단순한 섭리는 그 자체로 지혜로웠다.

살아남기 위해 덜어내야 한다는 사실, 겨울을 맞이 하는

나무조차 생존을 위해 스스로를 비운다.

이 섭리를 보며 우리 역시 때로는

과감히 내려놓아야 할 때가 있다는 것을 깨달았다.

『산, 나의 그리움』 '불암산' (210쪽)에서 발췌한 겨울날의 기록

비워내야 산다 - 불암산

2010. 12. 6.

하늘빛이 잔뜩 흐렸다. 마치 무언가 우리 산행길에 함께 하고 싶어 하는 듯, 겨울이 가져다준 묵직한 고요가 깃들어 있었다. 을씨년스러운 날씨였지만, 오랜만에 만난 반가운 얼굴들 덕분에 마음도 한결 누그러지고, 얼어붙었던 표정도 자연스레 펴졌다. 상계역에 조금 일찍 도착했다. 눈을 들어보니, 멀리서부터 부지런히 달려온 대박과 해낸다님이 보였다.

12월 아침의 차가운 공기를 가르며, 두 사람은 벌써 도착해 다른 가족들을 기다리고 있었다.

대박님은 새벽부터 일어나서 식구들이 먹을 음식을 미리 준비해 두고 나왔다고 했다. 산행을 위해선 부지런함이 기본이다. 일요일 아침, 다른 이들은 늦잠을 즐기고 있을 때, 우리는 눈을 비비며 일어나 준비를 서둘러야 한다. 남들보다 조금 일찍 하루를 시작하는 이 시간, 얼어붙은 아침 산과 처음 마주하는 순간의 특별함을 얻는 셈이다.

살을 에는 찬바람이 아침부터 얼굴을 때린다. 손끝은 금세 곱아들고, 코끝마저 시리게 붉어졌다. 그때, 최부회장님이 조용히 배낭을 열어 손난로를 꺼내 동행들에게 나눠 주셨다. 한겨울 산행에서 느끼는 누군가의 그 따뜻한 배려와 온기는 무엇과도 비교할 수 없다. 함초롬은 이런 도움에 익숙해져 조금 부끄럽기도 했지만, 손난로의 따스한 온기 덕분에 매서운 찬바람도 무색할 만큼 따뜻함을 느끼며 산행을 시작할 수 있었다.

잠시 후, 우리는 어느 코스로 갈지를 두고 의견을 나누었다.
"짧고 쉬운 코스로 갈까?"
"아니면 좀 더 도전적인 길을 택할까?"

여러 의견이 오갔지만, 결국 적당한 코스를 선택했다. 오늘의 목표는 바로 불암산이었다. 높지 않은 산이지만 겨울의 정취를 담은 아기자기한 매력이 가득한 산이다. 우리의 일행은 24~25명 정도로 꽤 많았지만 발걸음은 통일되었고, 모두가 한마음으로 산을 오르기 시작했다.

이른 아침부터 입고 나왔던 두툼한 옷들이 하나 둘 벗겨졌다. 산 중턱에 다다르자, 몸이 점점 더워졌기 때문이다. 가볍게 옷을 벗고 걸음을 옮겼지만, 주위를 둘러보니 겨울의 고요 속에 나무들은 앙상한 가지를 드러낸 채 서있었다. 나뭇잎 하나 없이 서 있는 모습은 어딘가 애처로워 보였다. 마른 잎사귀 몇 개를 간신히 붙들고 있던 가지는 차가운 겨울바람에 흔들리며 하나 둘 나뭇잎을 떨구고 있었다.

"나무는 겨울이 오면 자신을 보호하기 위해 잎을 다 떨구는 거라네."
누군가가 말했다.

"푸른 잎을 달고 있으면, 그 잎이 얼어버리면서 나무 자체도 얼어 죽게 만들지. 자연은 살아남기 위해 불필요한 것들을 과감히 덜어내는 법이지."
그 말에 나는 잠시 생각에 잠겼다. 자연의 단순한 섭리는 그 자체로 지혜로웠다. 살아남기 위해 덜어내야 한다는 사실, 겨울을 맞이하는 나무조차 생존을 위해 스스로를 비운다. 이 섭리를 보며 우리 역시 때로는 과감히 내려놓아야 할 때가 있다는 것을 깨달았다.

오늘의 불암산은 높이 508미터로 비교적 낮고 코스도 짧았다. 그래서 산행은 마치 한가로운 산책처럼 느껴졌다. 자주 다니던 산이었지만, 겨울의 공기로 가득한 새로운 산길을 걷는 듯했다. 동행자 누구도 힘들어하는 기색 없이 모두가 여유롭게 걸음을 옮겼다. 겨울 산의 맑고 청량한 공기 속에서 조화로운 걸음이었다. 하지만 나는 조금 달랐다.

치과 치료로 잇몸이 상해 음식을 거의 먹지 못한 상태에서 산행을 하고 있었기 때문이다. 한 발 한 발이 무거웠다. 발이 무겁고 힘들었지만, 다른 사람들에게 폐를 끼치고 싶지 않아 애써 힘을 내며 발걸음을 옮겼다. 뒤에서 미인님이 다가와 말했다.

"초롬 언니는 정말 가볍게 산을 오르네요. 힘든 내색도 없이 말이에요."

나는 고개를 살짝 돌려 미소를 지었지만, 사실 내 발걸음은 무겁기만 했다. 그때 최부회장님이 덧붙이셨다.

"오늘은 다른 날보다 초롬님의 발걸음이 조금 무거워 보이는걸요?"

불암산은 높지 않아 큰 무리는 없었지만, 몸은 이미 지쳐 있었다. 허리는 점점 구부정해지고, 배는 자꾸 등에 붙는 것 같았다. 그럼에도 불구하고, 겨울 산행의 고요함 속에서 우리는 도란도란 이야기 덕분에 힘을 낼 수 있었다.

드디어 산행을 마치고 내려오니, 미리 준비된 차량 두 대가 우리를 기다리고 있었다. 그 차를 타고 조금 달려 도착한 곳은 식당이라기보다는 시골의 비닐하우스처럼 보였다. 겉모습은 허름하고 빈약해 보였지만, 안으로 들어가니 겨울 날씨에 어울리는 따스함과 아늑함이 가득했다.

방 안에는 미리 차려진 음식상이 있었다. 오늘은 회장님의 생신을 기념하는 자리였다. 꽃다발과 케이크, 그리고 정성껏 준비된 선물들이 회장님께 전해졌다. 백숙 냄비에서는 김이 모락모락 피어올랐고, 온기 어린 백숙과 함께 잔이 오고 가며 따뜻한 뒤풀이 분위기는 무르익어 갔다.

그곳에는 처음 만난 마마님과 진난관님, 그리고 헌신적으로 봉사를 아끼지 않으셨던 월산님도 함께였다. 모두 다 정말 반갑고 고마운 분들이었다. 이번 산행을 통해 맺어진 인연들이 앞으로도 더욱 끈끈하게 이어지길, 그리고 자주 함께 산행할 수 있기를 바란다. 오늘 이 자리에 함께해 주신 모든 분들께 진심으로 감사드린다.

산 사랑을 통해 우리의
우정도 아름드리 – 속리산

2010. 12. 13.

새벽의 찬 공기를 가르며, 얼어붙은 아침을 깨우기 위해 나선다. 완전 무장을 하고 나선 발걸음에는 설렘, 기대, 행복, 그리고 감사가 가득했다. 일터로 나서는 발걸음이라면 얼마나 무겁고 힘들었을까. 그러나 오늘은 내가 가장 즐겁고 설레는 곳, 마음이 행복해지는 장소로 향하는 길이다. 그곳에는 찬바람 속에서도 따뜻함을 함께 나눌 수 있는 그리운 사람들이 기다리고 있으며, 세상사를 뒤로하고 오롯이 자연과 벗할 수 있는 시간과 공간이 있다. 이런 산행이 주는 특별한 기회가 있다는 것만으로도 마음이 벅차고, 설렘이 가득해진다.

오늘은 반가운 얼굴들과 만난 기쁨에 화기애애한 수다로 정신이 팔려, 내려야 할 정류장을 지나쳐 버리는 실수를 하고 말았다. 혼자였더라면 아마 당황해서 어쩔 줄 몰랐겠지만, 다행히 함께한 솔솔바람님과 깍쟁이님이 있어서 금세 당황스러운 분위기를 웃음으로 넘길 수 있었다.

"아, 겨울의 차가운 공기 속에서 수다의 훈훈함을 나누느라 그만..."
서로 얼굴을 마주 보고 함박웃음을 터뜨렸다.

급한 마음에 유경 대장님에게 문자를 보냈다.
"발바닥이 보이지 않을 만큼 빠르게 달려갈 테니, 차 좀 늦게 출발시켜 줘!" 그 답장은 간단했다.
"어유, 여유 만만~~"
이라는 메시지에 우리 모두 한 번 더 웃음을 터뜨렸다. 셋이나 되는 우리를 두고 출발할 리가 없다는 생각에 안도감을 느끼며 총총걸음으로 사람들 사이를 헤치며 달렸다. 결국, 우리가 타야 할 41인승 버스에 올랐다. 그러나 차 안에는 빈 좌석이 많았다. 날이 추워서인지, 연말 각종 행사 때문인지, 혹은 어느새 산을 오르려는 마음이 살짝 흐려진 건지 모를 일이었다.

우리는 그저 속리산을 향해 출발했다. 차창 밖으로 어스름한 새벽이 서서히 밝아오고, 황금빛 아침 햇살이 새하얗게 언 들판을 감싸며 퍼져 나갔다. 태양은 오늘도 어김없이 자신의 자리를 지키고 있었다. 변함없이 떠오르는 태양을 보며 나 역시 내가 해야 할 일을 떠올렸다. 그 순간, 찬 기운 속에서도 희망과 설렘이 마음속에서 피어오르는 느낌이 들었다.

우리가 오늘 오를 산은 속리산이다. 높이 1,058미터, 소백산맥의 줄기에서 우뚝 솟은 명산이다. 속리산의 이름은 '속세를 떠나 산에 든다'는 뜻에서 유래했다고 하는데, 그 이야기를 듣자 마음이 한결 고요해졌다. 이번 산행을 통해 나 역시 속세의 모든 번잡함을 내려놓고 자연과 하나가 되고 싶었다.

그러나 산행 초입부터 이곳이 만만치 않다는 걸 깨달았다. 눈과 얼음이 녹았다가 다시 얼어붙은 길이 펼쳐져 있었기 때문이다. 평소에도 눈길이나 얼음 길은 무서워하는 터라, 빙판길을 오르기란 쉬운 일이 아니었다. 온 신경을 다리에 집중하며 미끄러지지 않기 위해 조심스럽게 발걸음을 옮겼다. 그 모습을 보고 있던 솔솔바람님이 아이젠을 꺼내 신으라고 했다. 발에 아이젠을 신자 불안하던 발걸음이 한결 편해졌고, 그제야 안전하게 나아갈 수 있다는 마음에 미소가 지어졌다.

'고맙구나, 아이젠아!' 혼잣말을 하며 발걸음을 재촉했다. 길을 오르는 동안 주위를 둘러볼 여유는 없었지만, 어느 순간 고개를 들어보니 바위들이 마치 탑처럼 겹겹이 쌓여 있는 절경이 눈에 들어왔다.

겨울의 침묵 속에서도 바위들이 당당히 자리를 지키고 있었다.

수백만 년 전부터 이 자리에서 우리를 내려다보고 있었을 저 바위들은 어떻게 저토록 완벽한 조화를 이루며 그 자리에 서 있을 수 있을까? 자연 앞에서는 말문이 막히고, 모든 것이 경이롭기만 하다.

문장대에 올라서자, 차가운 바람이 얼굴을 매섭게 때렸다.

누군가 내 재킷 모자를 씌워 주었다. 바람은 매서웠지만, 눈앞에 펼쳐진 풍경은 그 추위를 잊게 했다. 저 멀리 펼쳐진 산자락은 새벽 햇살 아래 하얗게 물든 설경으로 아름답게 빛났다. 멀리까지 이어지는 산맥의 웅장함에 절로 감탄이 나왔다. 그 사이사이로 보이는 소나무들은 추위 속에서도 변함없는 자태를 뽐내고 있었다. 말라 버린 단풍잎이 아직도 가지에 붙어 있었고, 생명을 다했음에도 바람에 흩날리지 않고 붙어 있는 모습이 어쩐지 안타까웠다. 그러나 그마저도 스산한 겨울 산의 한 부분으로 아름답게 느껴졌다.

오늘은 전국 각지에서 모인 280가족들과 함께했다. 서울에서 온 30여 명, 영남방 가족들 18명, 부안에서 온 몇 분까지 합해 총 50여 명이 함께

산행을 했다. 모처럼 이렇게 대가족이 모인 자리라 더욱 뜻깊었다. 몇몇은 처음 보는 얼굴이었지만, 산을 향한 같은 마음으로 함께 하는 것만으로도 따뜻함이 느껴졌다. 산을 오르내리며 서로의 삶을 나누고, 기쁨에는 함께 웃고, 안타까움에는 따뜻한 위로를 건네는 시간이 참 소중했다. 우리는 모두 다른 곳에서 각자의 삶을 살지만, 산을 사랑하는 마음 하나로 이 자리에 모인 것이다.

산행을 마치고 나면 늘 느끼는 것이다. 산이 있기에, 산을 사랑하기에, 우리는 하나가 되었다. 겨울 산의 찬 기운 속에서도 서로를 향한 감사가 느껴지고, 이 따뜻한 마음이 글을 쓰는 지금도 내 가슴을 포근하게 채운다.

눈 꽃송이의
아름다움 – 내변산

2010. 12. 13.

칼날처럼 예리한 새벽 공기가 내 몸을 감싸며 쉴 틈 없이 차가운 숨결을 뿜어냈다. 발은 얼음장 같아 동동거리고, 손끝은 뻣뻣하게 얼어붙을 듯했지만, 산을 향한 마음은 뜨겁기만 했다. 차가운 공기가 폐 속 깊이 스며들 때마다, 오히려 온몸이 깨어나는 듯한 생기가 돋는다.

손을 호호 불어 녹이며 우리는 다시금 발걸음을 재촉한다.
겨울 산을 오르는 이 순간, 이 차가움마저도 꿈꾸던 설렘의 일부였다.

원래 오늘의 목적지는 함백산이었다. 하지만 눈 소식이 없다며 회장님은 밤잠까지 설치며 고민한 끝에 내변산을 선택했다고 한다. 밤새 설경을 찾아 헤맨 끝에 도착한 오늘의 목적지. 차가 새벽어둠과 차가운 공기를 가르며 남쪽으로 달리기 시작하자, 우리의 기대감은 눈앞에 펼쳐질 하얀 설산의 풍경으로 가득 채워졌다.

서울을 벗어나 얼마쯤 달렸을까. 차창 너머로 펼쳐진 풍경은 순식간에 하얀 세상으로 변해 있었다. 온 산과 들이 눈으로 뒤덮여 마치 하얀 카펫을 깔아 놓은 듯했고, 나무들은 하얀 면사포를 덮어쓴 채 크리스마스트리처럼 서 있었다. 순백의 자연이 만들어낸 눈부신 장식물들이 마치 꿈결 같았다. 그 풍경을 보고 있자니 마음은 이미 설렘으로 가득 찼고, 이 차가운 공기마저도 상쾌하게만 느껴졌다.

내변산에 도착했을 때, 7개월 전 이곳을 찾았던 기억이 떠올랐다. 그때와는 전혀 다른 모습이었다. 눈 속에 묻힌 오늘의 내변산은 완전히 새로운 세상처럼 다가왔다. 온 산이 눈부신 백색으로 뒤덮여 있었다. 하늘에서 쏟아진 순백의 눈이 산과 나무, 길 위에 가득 깔려 있었다. 그 광경을 마주하자 가슴이 두근거렸고, 설렘이 망치질하듯 뛰었다.

아이젠을 일찍 꺼내 신자 발걸음은 어느새 가벼워졌다. 발밑의 눈이 사각사각 소리를 내며 우리를 안내했다. 눈 꽃송이들이 활짝 핀 나무들은

마치 겨울 속의 꽃밭처럼 장관을 이루고 있었다. 하늘나라의 선녀들이 밤새도록 나무마다 흰 목화송이를 걸어 놓은 것처럼, 나뭇가지마다 하얀 솜뭉치 같은 눈꽃이 주렁주렁 매달려 있었다. 그 모습을 바라보는 것만으로도 충분히 황홀했다. 산은 그저 거대한 자연의 캔버스처럼 눈으로 그린 아름다운 그림을 우리에게 보여주고 있었다.

산을 오르는 동안 신기하게도 전혀 힘들지 않았다. 겨울 자연이 선사하는 장관이 그 자체로 에너지를 채워주는 듯했다.

발을 내딛는 곳마다 새로운 절경이 눈앞에 펼쳐졌다. 하늘 위에서 햇살이 눈을 반사하며 더욱 빛나게 했고, 그 빛 아래에서 눈밭은 더욱 눈부시게 빛났다. 걸음을 옮길 때마다 시야를 가득 채우는 설경은 마치 동화 속 장면 같았다. 눈을 만지며 어린 시절로 돌아간 듯한 기분에 잠겼다.

그리고 순간, 눈밭에 몸을 던지고 굴러보고 싶은 충동을 참을 수 없었다. 잠시 눈밭에 누워 하늘을 올려다보며, 하얀 세상이 나를 품어주는 듯한 포근함을 느꼈다. 그때 작은 바람이 어디선가 불어와 나무 위의 눈송이들을 살짝 흔들었다. 눈송이들이 작은 얼음 결정이 되어 우리 머리 위로 흩날렸다.

그 순간 모두가 마치 꿈을 꾸는 듯한 기분에 휩싸였다. 우리는 웃음과 탄성을 터뜨리며, 행복에 젖었다. 카메라 셔터 소리는 바쁘게 이어졌고, 그 순간을 놓치지 않으려는 마음들이 가득했다. 그러나 갑자기 하늘이 흐려지고, 햇살이 구름 뒤로 숨었다. 그러더니 하늘에서 눈발이 흩날리기 시작했다. 이 순간조차 아름답게 느껴졌다.

하늘에서 눈발이 흩날리자 우리는 그저 그 눈 아래에서 춤을 추듯 걸음을 옮겼다. 머리 위에 눈이 쌓여갔지만, 그 무게를 전혀 느낄 수 없었다. 눈과 하나가 된 것 같은 우리의 마음은 세상에서 벗어나 오히려 가벼워졌다.

산 중턱에 이르렀을 때, 꽤 넓은 평지가 나타났다. 그곳에 도착하자마자 눈싸움이 벌어졌다. 누가 먼저랄 것도 없이 모두가 눈을 뭉쳐 서로에게 던지기 시작했다. 얼어붙은 손끝과 옷 안으로 들어간 차가운 눈에도 불구하고, 모두 동심으로 돌아간 듯 즐거워했다. 어릴 적 동네에서 친구들과 하던 눈싸움이 떠올랐다. 그때의 설렘과 즐거움이 오늘 이 순간 다시 살아난 것이다.

잠시 멈춰 서로를 바라보던 우리는, 어느새 눈 속의 아이가 되어 있었다. 손에 쥔 눈을 던지며 깔깔 웃고, 하얀 세상 속을 마음껏 뛰어다녔다. 그 순간만큼은 세상의 어떤 걱정도 닿지 못했다. 오직 눈부신 즐거움과 따뜻한 웃음이 우리를 감싸 안았다. 이 눈꽃 가득한 겨울 산행의 시간은, 어쩌면 오래 잊고 있던 순수함을 다시 꺼내어 준 선물이었다.

오늘 우리는 하얀 내변산 속에서, 눈꽃과 함께 동심과 함께 하나가 되었다. 이 산이 있기에 우리는 오늘도 서로의 마음을 나누며 함께 웃을 수 있었다.

민주지산을
대신한 검단산행

2011. 8. 6.

『 여름날의 길고 지루했던 장마와 무더위 그리고 세찬 소나기가

겨울 한파로 느껴질 때가 있다. 겨울 편에 실릴 만큼 산행을 하면서

겪는 어려움과 비바람과 싸우며 서로 의지하는 모습은 차가운

겨울의 시련을 견디는 과정으로 볼 수 있다. 이 겨울은 단순히

추운 시기가 아니라, 힘든 상황에서도 산악회를 지켜내려는 인내와

결단의 시기이다. 회장님과 회원들이 맞닥뜨린 어려움은

'혹독한 겨울 날씨처럼, 현재 산악회가 처한 시련과 시험의

시기를 상징하기도 한다. 그러나 힘든 산행에도 불구하고 서로

응원하고 결속을 다지는 모습은 겨울을 이겨내려는 따뜻한 마음과

봄을 향한 희망을 동시에 담고 있다. 』

둘째 주의 정기 산행은 민주지산 대신 검단산으로 변경되었다. 참여

인원이 저조해 차량 대여가 어려웠기 때문이다. 우리 회장님께서 뼈가

마르는 고민 끝에 가까운 산행지를 결정하신 듯했다. 아쉽기도 했고, 이번 산행이 어떻게 진행될지 궁금하기도 했다. 사실 산행 전날 저녁, 산행지가 변경되었다는 문자를 받았을 때는 마음이 조금 착잡했다. 기대했던 민주지산 대신, 예기치 않게 가까운 번개 산행으로 계획이 바뀌었기 때문이다. 긴 장마 속에서 체력도 조금 소진된 탓일까, 280산악회의 열정도 요즘은 다소 지쳐 보였다. 나 또한 아쉬운 마음을 회장님께 전하면서도, 함께라면 어디서든 의미 있는 산행이 될 것이라며 스스로를 다독였다.

막상 산행을 시작하려던 순간, 몇몇 대원들이 불가피하게 참여할 수 없다는 연락이 들어왔다. 노루대장님, 신선님, 미남님, 미인님 등 익숙한 얼굴들이 빠지게 되었다. 결국 우리 팀은 회장님, 송골매님, 대장균님, 깍쟁이님, 여유님, 김진택님, 사월비님, 그리고 나까지 8명이었다.

평소보다 적은 인원이지만, 오히려 서로를 더 잘 챙기고 의지할 수 있을 것 같았다. 회장님께서 "가볍게 몸을 풀고 산에 오릅시다!"라며 사기를 북돋아 주셨다.

출발부터 긴장감이 감돌았다. 어젯밤 내린 비로 산길이 질척이고 발걸음마다 물웅덩이를 건너야 했다. 습한 날씨 탓에 땀도 유난히 많이 흘러, 이마에 맺힌 땀방울이 뜨거운 여름 열기와 함께 온몸을 덮쳤다.

늘 오르는 산이지만, 오를 때마다 왜 이렇게 힘이 드는 걸까? 다리는 뻣뻣하고 머리는 지끈거리며 자꾸만 포기하고 싶은 생각이 들었다.

"아, 정말 산에 오르기가 싫다."

고 하자, 우리 회장님과 사월비님도 같은 마음이라며 웃으셨다. 덥고 습한 날씨 탓에 지친 것도 있지만, 모두 마음속에 편치 않은 무언가를 품고 있는 듯했다.

"저 스틱만큼 굵고, 맞으면 아플 만큼의 소낙비가 쏟아졌으면 좋겠다."

고 회장님이 말씀하셨다. 나도 겉으로는 동의하면서도, 비만은 피하고 싶은 속마음이었다. 깔딱 고개에 막 들어서려던 찰나, 갑자기 검게 드리운 구름이 산을 뒤덮었다. 나뭇잎이 내는 으스스한 소리가 불길하게 들려왔다.

온 산이 운무에 휘감겨 앞뒤 사람을 구분하기 어려웠고, 마치 위기 상황이 닥쳐오는 듯했다.

'비가 올 것 같은데…' 하던 순간, 예상은 빗나가지 않았다. 한두 방울 떨어지던 빗방울이 순식간에 굵은 빗줄기로 변하며 온 산을 적셨다. 적시는 것을 넘어 마치 산 전체를 삼켜버리듯 휘몰아쳤다.

산길은 물바다가 되어 버렸고, 진흙탕과 미끄러운 돌길을 조심조심 걸으며 서로의 안전을 챙겨야 했다. 이마저도 산행의 묘미라며 웃어넘겼지만, 속으론 모두가 진한 소나기의 위력에 살짝 질린 상태였다.

회장님이 기대하셨던 소나기가 막상 쏟아지니 옷과 신발이 물에 빠진 생쥐 꼴이 되어 버렸다. 땀과 빗물에 흠뻑 젖은 채 한 걸음 한 걸음 발걸음을 내디뎠다. 우비를 입었음에도 비는 스며들 듯 새어 들어왔고, 가만히 서 있어도 체력이 소모되는 기분이었다. 비를 맞으며 산을 오르는 것은 쉽지 않았지만, 그 와중에도 서로를 의지하고 돕는 팀원들이 있어 든든했다. 다행히도 짧은 산행이었다. 산 중턱에서 잠시 점심을 먹을까 했지만, 다시 비가 내리기 시작해 서둘러 하산했다. 배낭 속 점심 도시락을 꺼낼 생각도 못 하고 하산했지만, 산행이 끝나고 나니 비로소 여유가 찾아왔다. 회장님께서는 깊은 한숨과 함께 말씀하셨다.

"민주지산 산행을 이어가고 싶었는데, 차량 대여도 어렵고 참여인원도 저조해서 아쉽게 계획을 접었어. 늘 가던 정기 산행인데, 이번엔 이런 상황이 되니 우리 280도 이제 한계에 다다른 것 같아…"

그 목소리 속에는 책임감과 아쉬움이 담겨 있었다. 누구보다도 산악회를 아끼고 모든 정성을 다해 이끌어 오신 회장님의 마음이 느껴졌다.

우리는 회장님의 마음을 누구보다 잘 알았다. 돌아오는 길 내내 그 말씀이 긴 여운으로 남았다. 결코 이대로 포기할 수 없다는 다짐이 생겼다. 지금까지 함께한 280산악회의 모든 순간이 더욱 소중하게 느껴졌다. 이번 검단산에서 느낀 아쉬움과 미련이, 더 큰 도약의 원동력이 되기를 소망했다.

280산악회의 저력과 그동안 함께 쌓아온 시간들이, 다시 한번 그 힘을 증명해 주리라 믿는다. 함께 걸으며, 가끔은 비를 맞고, 눈보라와 싸우기도 하며, 또 웃음으로 하루를 마무리할 수 있는 시간이 앞으로도 계속되기를 바라며, 스스로에게 다짐했다. 280가족들과의 산행은 언제나 힘든 만큼 의미가 깊고, 그만큼 더 소중하게 남는다.

280산악회의 저력은 앞으로도 우리 모두의 발걸음 위에서 자라날 것이다.

괴성을 지른
선자령 바람과의 혈투

2011. 12. 12.

이번 겨울의 첫눈 산행이기에 설렘이 가득했다. 평소보다 더 꼼꼼히 준비했고, 특히 며칠 전 강원도에 내린 눈 소식은 기대감을 한껏 부풀게 했다. 눈부시게 하얀 산길을 걸을 생각에 마음이 들떠 일찍 일어났다. 아이젠과 스패츠를 챙기고, 혹시나 손이 시릴까 두툼한 장갑도 두 켤레나 배낭에 넣었다. 온몸을 꽁꽁 싸매며 중무장한 것은 겨울 산의 추위를 이겨내기 위한 철저한 준비였다.

집을 나섰을 때 예상과 달리 공기가 그리 차갑지 않아 순간 옷을 벗어야 하나 고민했다. 속내의까지 단단히 챙겨 입은 터라 덥게 느껴졌지만, 겨울 산의 기습 추위를 대비해 준비에 만전을 기했다. 이번 산행을 위해 평소보다 큰 배낭을 메고 나섰는데, 그 무게가 조금 버겁게 느껴졌다. 그래도 겨울 산행에서 무엇보다 중요한 체력을 믿고 스스로를 다독였다.

초키님은 새벽부터 내 집 앞으로 차를 대기해 주었다. 이른 시간부터

첫 동행이 되어준 그의 배려 덕에 양재역까지 편안하게 이동할 수 있었다. 도착하자마자 여유님이 마트에 들러 따뜻한 모닝커피를 건네주며 차가운 새벽 공기를 녹여 주었다. 커피의 따스한 온기가 손끝에서 전해져 몸을 훈훈하게 데웠고, 점차 산행의 기운이 마음속에서 차올랐다.

양재역에 모인 우리는 눈을 기다리는 마음으로 설렜다.

눈 내린 산을 오르고 싶은 사람들의 열정으로 41인승 버스는 만석이었다. 버스가 선자령을 향해 출발하자, 내 마음도 덩달아 달려가 듯 설레었고, 머릿속엔 벌써 산의 풍경이 그려지기 시작했다. 사실 처음 계획했던 산행지는 점봉산이었지만, 입산 금지로 인해 선자령이 대타로 선택되었다. 선자령이 과연 그 기대를 채워줄지 약간 불안했지만, 눈 덮인 풍경만 떠올리면 어떤 길이라도 멋질 것 같았다. 완만한 능선이 이어지는 이 산은 마치 고요한 소의 등처럼 부드럽게 이어진 길로 우리를 인도할 것만 같았다.

대관령에 도착하니 이미 많은 차량들이 도로를 가득 메우고 있었다. 오늘 산행이 심상치 않을 것이라는 예감이 들었다. 차에서 내리자마자 느껴진 바람은 마치 산이 보내는 첫 번째 경고처럼 강렬하게 불어왔다. 스패츠와 아이젠을 착용하고, 목도리로 목을 단단히 감싸며, 모자도 깊숙이 눌러썼다. 짧은 순간에도 바람은 손을 얼릴 듯 매서웠고, 정신을 바짝 차리지 않으면 금세 추위에 잡아먹힐 것 같았다. 준비를 마치고 들머리에서 기념사진을 찍었다. 출발을 알리는 신호와 함께 우리는 길게 늘어선 줄을 따라 한 발 한 발 걸음을 내디뎠다.

앞서가는 사람들을 따라 걷는 모습은 마치 배고픔과 추위를 견디며 묵묵히 나아가는 피난민 같았다. 하늘은 맑게 열렸고, 눈 덮인 산은 마치 하얀 이불을 덮은 듯 고요하고 평화로웠다. 하지만 그 아름다움도 잠시, 눈이 깊어 길을 벗어나기라도 하면 발이 푹푹 빠졌다. 다져지지 않은 눈길은 마치 모래밭을 걷는 것처럼 힘겨웠다. 스틱을 눈 속에 꽂아보니 스틱 키를 넘을 만큼 눈이 깊어 오늘 산행의 고난이 예고되었다.

눈밭에 벌러덩 누워보고 싶은 충동이 일었지만, 발이 깊이 빠질 때마다 허우적대는 경험을 했기에 차마 몸을 던질 용기가 나지 않았다. 눈고깔을 쓴 나무들을 배경으로 사진을 찍으려 다가가 보았지만, 눈 속에 발이 빠져 더 이상 나아갈 수 없었다. 그야말로 눈이 이곳에만 집중적으로 쏟아진 듯했다. 얼마나 올랐을까? 앞서가던 몇몇 사람이 되돌아오며 더 이상 전진할 수 없다고 했다. 눈이 허리까지 차고 길이 나 있지 않아 앞으로 나아가는 건 불가능하다고 했다. 순간 당황스러웠다. 이게 끝인가? 잠시 머뭇거렸지만, 회장님은 계속 전진하자고 우리를 독려했다. 여기까지 온 김에 눈 덮인 산을 마음껏 즐기고자, 우리는 다시 발걸음을 재촉했다. 몇몇은 하산했지만, 대부분은 정상에 도달하겠다는 의지로 눈을 헤치며 걸었다.

그때 폭풍 같은 바람이 몰아치기 시작했다. 바람은 너무 거세 몸을 가누기 어렵고, 정신을 차릴 수 없을 정도였다. 소금 알갱이처럼 변한 눈발이 세찬 바람을 따라 얼굴을 때리고 스치는데 따갑고 얼얼했다.

귀를 찢을 듯한 바람 소리와 함께 산 정상에 세워진 풍력발전기는 강풍을 이기며 힘겹게 돌아가고 있었다. 그 바람 속에서 우리는 겨우 몸을 지탱하며 묵묵히 앞으로 나아갔다.

정상에 도착하기 직전 작은 초소 근처에서 잠시 허기를 달래자는

의견이 나왔다. 선두에 있던 대장님의 안내로 바람막이가 되는 곳으로 이동해 버너를 꺼내 따뜻한 라면을 끓였다.

그런데 그 순간, 초키님이 보이지 않았다. 모두가 놀라 주변을 두리번거리며 찾았지만 어디에도 모습이 보이지 않았다. 마음이 급해져 혹시 추위에 떨고 있지는 않을까 걱정하며 전화를 걸었으나 연결되지 않았다. 더 세심히 살폈어야 했다는 미안함과 걱정이 교차했다. 정상에 올라서도 여전히 그를 찾을 수 없었지만, 다행히 뒤늦게 통화가 닿아 초키님이 계속 앞서가고 있다는 소식을 듣고서야 비로소 안도할 수 있었다. 후미 대장님과 몇 분이 초키님을 기다리기로 하고, 나머지 일행들은 하산을 시작했다.

돌아오는 길은 더욱 거세진 맞바람과의 싸움이었다. 그 바람은 마치 칼날처럼 날카로웠고, 얼굴을 찌르는 통증이 점점 심해졌다. 발은 눈 속에 푹푹 빠졌고, 몸은 계속 휘청거렸다. 어디에도 피할 곳이 없어, 바람에 날아가지 않으려 온몸으로 버텼다. 한 걸음 한 걸음이 너무도 힘겨웠지만, 우리 모두는 서로를 격려하며 끝까지 나아갔다.

오늘의 눈 산행은 그야말로 폭풍과의 싸움이었다. 매서운 바람 속에서 만난 설경은 평생 잊지 못할 아름다움으로 우리에게 보답해 주었다. 힘들었던 만큼 그 경험은 더욱 값지게 느껴졌다. 매서운 바람 속에서도 함께 견뎌준 동료들과 눈 덮인 산을 오르며 느낀 성취감이 가슴에 가득 차올랐다.

산을 내려오며 생각했다. 오늘의 산행은 분명히 힘들었지만, 그 어떤 산행보다도 눈부신 추억으로 남을 것이라고. 이 추운 겨울날, 차가운 눈 속에서도 가슴 따뜻한 하루를 보냈다는 사실에 깊은 감사와 행복을 느꼈다.

설악 공룡은
여전히 기세등등

2013. 10. 13.

12일 저녁 8시, 차를 직접 몰고 공룡을 함께 가자고 했던 후배를 픽업해 양재로 향했다. 평소에는 대중교통을 이용했기에 직접 운전하는 이번 여정이 낯설었고, 혹시나 길을 잃거나 출발 시간에 늦을까 봐 서둘렀다. 후배도 긴장한 얼굴로 공룡능선의 혹독함에 대한 두려움을 내비쳤다. 나 역시 이번이 세 번째 도전임에도 겨울 산행에서의 긴장감을 떨치기 어려웠다. 첫 공룡능선 산행 때 무리하게 나섰다가 평발 탓에 발바닥과 무릎이 무척 아팠던 기억이 아직도 생생했다. 그 고통이 떠오르니 이번 산행도 결코 가볍지 않았다.

양재에 도착하니 9시였다. 아직 한 시간이나 남아 차 안에서 축구 경기를 보며 기다렸다가, 9시 40분경 정해진 만남의 장소로 이동했다. 버스가 만석일 거라 예상했지만, 갑작스러운 사정으로 두 명이 출발하지 못했다는 소식을 들었다. 빈자리를 남긴 채 신백승(관광버스)은 차가운 어둠을 뚫고 서울을 빠져나갔다. 차 안에서 잠을 자라는 말에 눈을 감았지만, 좁고 불편한 좌석에서는 깊은 잠이 쉽지 않았다. 그저 어둠 속에서 잠깐씩 눈을 붙일 뿐이었다.

새벽 1시 반쯤 내설악 광장에 도착했다.

임원들이 미리 내려가 따뜻한 음식을 준비해 주겠다고 했고, 우리는 차에서 잠시 더 쉬었다. 30분 후 내려오라는 소리에 밖으로 나가니, 큰 찜통에서 김이 모락모락 나는 따끈한 김치 콩나물국과 밥이 준비되어 있었다. 김치, 느타리 볶음, 멸치볶음까지 곁들여져 있어 차가운 겨울 산 행 속에서 총무님의 따뜻한 마음이 고스란히 전해졌다. 밥 한 주걱에 국 물을 말아 먹으며 이보다 더 맛있는 음식이 있을까 싶을 정도로 감동적 이었다. 겨울 새벽의 차가움 속에서 총무님의 정성 어린 준비가 사랑스 럽고 감사하게 느껴졌다.

오늘 산행은 A, B, C조로 나뉘었다. A조는 오색에서 출발해 대청봉 을 찍고 공룡능선을 완주하는 것을 목표로 했고, B조는 대청봉에서 바 로 천불동으로 하산하는 조였다. C조는 설악동과 비선대에서 경치를 즐기며 여유롭게 산책하는 일정이었다.

A조와 B조의 31명이 함께 오색에서 출발했지만, 사람들로 가득한 등산로는 마치 명절의 고속도로처럼 꽉 막혔고, 우리도 산행 시작부터

속도가 크게 더뎌졌다. 공룡능선을 완주할 수 있을지 염려되었지만, 서두르지 않고 물 흐르듯 천천히 가기로 마음을 비웠다.

시간이 지나며 설악산의 깊이에 점점 젖어 들었다. 가끔 나뭇가지 사이로 올려다본 하늘에는 별들이 총총히 빛나 겨울 산의 고요함을 더욱 돋보이게 했다. 잠시 뒤를 돌아보니, 산속에 보이는 불빛들이 마치 도시의 야경처럼 보였지만, 사실은 우리를 따르는 등산객들의 랜턴 불빛이었다. 깊은 산속에서 빛나는 그 불빛들은 어둠 속에서 더욱 환상적으로 다가왔다.

얼마나 더 올랐을까, 폭포 소리가 새벽을 울렸다. 여우비님은 "이미 많이 올라왔다고 생각했는데 여전히 폭포 소리가 이렇게 가까운 걸 보니 아직 멀었나 보네요."
라며 지친 표정으로 퉁명스럽게 한마디 던졌다.

동쪽 하늘이 어스름하게 밝아오며 여명이 찾아왔다. 마음이

조급해졌지만 대청봉에서 해맞이를 할 수 없다는 걸 깨닫고는 조급함을 내려놓았다. 잠시 후, 붉은 태양이 짙은 어둠을 밀어내며 힘차게 솟아올랐다. 나뭇가지 사이로 보는 것이 아쉬웠지만, 그 순간을 마음속에 새길 수 있어 다행이었다. 등산객으로 붐비는 정상석 한 귀퉁이를 잠시 잡고 작은 승리의 기쁨을 만끽했다.

대청봉에서 중청대피소로 이동하면서 저 아래 펼쳐진 뾰족한 바위들을 내려다보았다. 겨울 햇살을 받은 바위들이 마치 거대한 얼음조각처럼 빛났다. 처음 보는 풍경이 아니었지만, 그 웅장함은 매번 새롭게 다가왔다. 저 바위산은 누가 만든 걸까? 창조주만이 가능한 솜씨가 아닐까? 우리에게 감격과 경외감이라는 선물을 안겨 주려고.

중청대피소에서 잠시 논의가 있었다. 시간이 많이 지체된 탓에 공룡능선을 탈 수 있을지 걱정스러웠다.

결국 '체력 조건과 산행 경험을 고려해 갈 수 있는 사람만 가자' 는 결론이 나왔다. 희운각에서 아침을 먹으며 의견이 다시 나뉘었고, 몇몇은 공룡능선을 넘겠다는 다짐을 접었다. 나도 잠시 망설였지만, 내가 포기하면 A 조의 사기가 떨어질 것 같아 마음을 다잡았다. 망설이는 여우비님도 함께 가자고 설득했다. 작은 그룹보다 다수가 움직이는 것이 힘든 산행에서 의지가 될 것 같았다. 우리는 16명이 되어 공룡능선을 향해 출발했다.

마등령 마지막 구간을 지나 비선대를 향해 내려가는 지옥의 돌계단이 떠오르기도 했지만, 공룡능선의 웅장함과 신비에 취해 얼어붙은 급경사를 하나씩 넘었다. 눈앞에 펼쳐진 오르막을 보며

"아이고, 저길 또 어떻게 올라가지?"

라는 생각이 들었지만, 발걸음은 쉼 없이 나아갔다. 다들 체력이 소진되었는지 오르막을 볼 때마다 불평이 터져 나왔고, 그 누구도 힘겨움에서 벗어날 수 없었다. 조금만 더 힘내자며 서로 격려하며 버텼다.

마등령 삼거리에 도착해 간단히 점심을 먹고 다시 출발했을 때, 무릎에 통증이 찾아왔다. 급히 파스를 구해 무릎에 발랐더니 통증은 사라졌지만, 이번엔 양쪽 새끼발가락이 아파지기 시작했다. 양말을 두 겹 신은 탓에 발가락이 신발 속에서 너무 꽉 끼어 고통이 커진 듯했다. 통증은 점점 심해 발걸음이 뒤뚱거리기 시작했고, 스스로가 처량하게 느껴졌다. 하산길이 왜 이렇게 길고 멀게 느껴지는지 포기하고 싶었지만 공룡능선을 정복하겠다는 다짐을 떠올리며 참아냈다.

나만의 고통이 아니었다. 공룡능선을 넘겠다고 나선 우리 모두의 고통이었다. 지나가는 이들이 우리가 거쳐온 코스를 듣고는

"이건 사람이 할 일이 아니구먼."

이라며 독종들이라고 했다. 그래서였을까, 우리들의 표정은 무겁고 고통스러웠다.

하산은 정말 쉽지 않은 여정이었다. 길게 이어진 돌계단을 한 발 내디딜 때마다 발목과 무릎이 시큰거리고 붓기 시작했다. 피로가 점점 몰려와 체력도 거의 바닥나 있었지만, 힘겹게 공룡능선을 넘고 나니, 단풍으로 물든 비선대의 풍경이 우리를 맞이했다. 붉고 노랗게 물든 나무들이 마치 우리를 격려하는 듯 환하게 웃으며 손을 흔들어 주고 있었다.

추운 겨울 산의 혹독한 환경 속에서 점점 무거워지는 몸은 쉽지 않았지만, 그런 고됨이 오히려 동료들과의 유대감을 더욱 깊게 만들어 주었다. 각자 힘든 순간을 버티며 서로에게 힘이 되어 주고, 가끔은

"조금만 더 힘내자!"

라고 다독이며 내려가는 길은 혼자가 아니라 함께여서 더욱 고마웠다.

한 걸음, 또 한 걸음 내디딜 때마다 마음속에 따뜻한 감동이 차올랐고, 동료들과 나눈 응원이 그날의 가장 큰 원동력이 되었다. 하산길은 비록 고난의 연속이었지만, 서로의 존재가 힘이 되어 마침내 비선대에 도착했을 때 느낀 성취감과 따뜻한 동료애는 무엇과도 바꿀 수 없는 값진 기억으로 남았다.

짙은 운무에
파묻히다 – 삼악산

2013. 12. 10.

아침은 아직 어둡고 조용했지만, 오랜만에 좋은 친구와 떠나는 겨울 산행에 내 마음은 벌써부터 들떠 있었다. 친구는 한동안 산에 오르지 못해 몸이 근질거린다며 가벼운 불평을 웃음 섞어 내뱉었고, 그 모습이 귀여워 얼른

"우리 산악회 따라가자"

라고 권했다. 그녀도 기꺼이 함께하겠다고 답하며, 우리는 아침 7시에 먹골역에서 만나기로 약속했다. 동행이 있다는 것만으로도 이번 산행은 시작부터 특별했다.

지하철을 타고 가는 길, 한겨울의 맑고 차가운 공기 속에서도 마음은 따뜻했다. 친구와 나누는 소소한 이야기는 우리가 지나치는 거리와 시간을 모두 잊게 만들었다. 혼자라면 멀게만 느껴지던 양재역까지의 여정이 오늘은 금세 지나갔다. '좋은 사람과 함께라면 시간도 바람처럼 지나가는구나' 하는 생각이 들며 발걸음이 신이 났다.

스물두 명이라는 작은 인원 덕분에 우리는 신백승 버스 안에서 널찍하게 자리를 차지할 수 있었다. 버스가 깔딱 오르막을 올라가야 한다 해도 부담 없을 것 같았다. 삼악산의 '악(岳)' 자가 주는 위용에 살짝 긴장감이 돌기도 했지만, 그보다는 삼악산이 준비했을 신비롭고 장엄한 풍경에 대한 기대감이 앞섰다. 산행의 시작을 알리며, 달콤한 환영 인사가 우리를 맞이했다.

아로마님과 인당수님이 준비한 백설기와 불가리스가 하나씩 손에 쥐어졌다. 송년회 때 받은 상에 대한 답례라는 따뜻한 마음이 느껴지며 작은 감동이 밀려왔다. 이런 소소한 나눔이 산행의 즐거움을 더해주는 것 같아 가슴이 따뜻해졌다. 사랑과 감사는 전해질 때 비로소 그 가치를 발휘하는 법이다.

의암댐 매표소에서 산행이 시작됐다. 오늘은 1,600원의 입장료를 내고 삼악산을 만나는 날이었다. 입장료가 조금 아쉽기도 했지만, 이 산을 지키기 위한 관리 차원이라고 생각하며 수긍했다. 차가운 겨울이지만, 입구의 화장실은 히터 덕분에 훈훈했고, 관리가 잘 되어 있어 내심 기분이 좋았다.

겨울이지만 아침 공기는 예상보다 부드러웠다. 두터운 구름이 이불처럼 하늘을 덮어주어 기온이 차갑게 내려앉지 않은 듯했다. 하지만 짙은 안개가 산 전체를 감싸며 몇 미터 앞도 보이지 않을 만큼 자욱했다. 마치 시야가 가려진 채로 삼악산의 품에 안긴 기분이 들었다. 평소라면 짙푸르게 펼쳐질 의암호조차 보이지 않고, 그저 그곳에 있을 호수를 상상할 뿐이었다. 이 안개가 걷히길 기다리며 안갯속에 잠긴 삼악산의 또 다른 매력을 즐겼다.

산행 초입부터 가파른 깔딱 오르막이 우리를 맞이했다. '역시 삼악산이다' 라는 말이 절로 나왔다. 의암호를 등지고 가파르게 오르기 시작했는데, 첫 발걸음부터 산의 기세가 만만치 않았다. 숨이 가빠지고 다리에 힘이 들어가면서 삼악산의 강인한 위용을 다시금 느낄 수 있었다.

짙은 안갯속에서 오르는 산행은 마치 꿈길을 걷는 듯 신비로웠다. 의암호와 주변 경관은 모두 안갯속에 감춰져 보이지 않았지만, 그 덕분에 나무들과 바위는 더욱 몽환적이고 신비롭게 다가왔다. 익숙한 삼악산

이지만, 오늘은 처음 맞이하는 낯선 풍경처럼 색다르게 느껴졌다. 안갯속에 감춰진 겨울 산은 마치 비밀스러운 또 다른 세계로 나를 이끌었다.

삼악산의 높이는 654미터로 비교적 낮은 편이지만, 산은 결코 그 높이로만 평가되지 않는다. 곳곳에 자리한 기암괴석과 노송이 만들어내는 풍경은 장엄하고도 아름다웠다. 그중에서도 소나무들이 가장 인상적이었다. 겨울이 되면 다른 나무들은 앙상한 가지를 드러내지만, 소나무는 푸르름을 잃지 않고 강인한 기운을 뿜어내며 서 있다. 안갯속에서도 짙푸른 소나무는 변함없는 생명력을 보여주었다.

정상인 용화봉에 오르자마자 우리는 인증샷을 남겼다. 짙은 운무 때문에 의암호와 춘천 시내는 보이지 않았지만, 그 속에서 풍경을 상상하며 바라보는 것만으로도 운치가 있었다.

산행의 하이라이트는 역시 점심이었다. 조금 더 내려와 넓고 평평한 자리를 찾아 회장님이 코펠을 꺼내 버너 위에 올렸다. 오늘의 메뉴는

‘만두 어묵 라면 떡국’ 네 가지가 조합된 따뜻한 국물 요리였다. 추운 날씨에 모락모락 김이 나는 뜨거운 국물은 마치 천상의 맛처럼 느껴져 추위와 피로를 잊게 해주는 최고의 보상이었다.

든든하게 배를 채우고 다시 하산을 서둘렀다. 한동안 쉬고 나니 몸이 식기 시작했고, 산에서 오래 머물면 저체온증에 걸릴 수 있다는 생각이 들어 빠르게 발걸음을 옮겼다. 내려오는 길에 거대한 바위 절벽과 협곡이 나타나 삼악산의 웅장한 풍경을 한층 더 깊이 느끼게 했다. 주렴, 백련, 승학 등 폭포들이 겨울바람 속에 웅장하게 자리하고, 그 아래로 깊은 소가 펼쳐진 모습은 장관이었다. 삼악산이 작은 산임에도 불구하고 다양한 매력을 품고 있음을 새삼 느꼈다.

“세월은 흘러도 추억은 남는다.”
이브 몽땅의 묘비명이 떠올랐다. 짙은 안개와 푸르른 소나무, 뜨거운 국물 한 그릇이 준 따스함과 함께 오늘의 산행은 오래도록 내 기억 속에 남을 것이다. 삼악산에서 얻은 추억은 그 어떤 기념품보다도 소중했다.

서울로 돌아오는 길은 마음이 한결 가벼웠다. 산행 후의 뒤풀이는 뒤로하고, 양재역에서 친구와 작별 인사를 나누었다. 다음 산행을 기약하며 발걸음 가볍게 집으로 향했다. 오늘의 산행은 길지 않았지만, 그 여운은 눈 덮인 산처럼 오래도록 남아 나를 따스하게 감쌀 것이다.

10명의 소수
정예부대 – 관악산

2013. 12. 17.

며칠간 이어진 동장군의 맹렬한 기세에 몸과 마음이 모두 움츠러들었다. 차가운 바람이 얼굴을 때리고, 손끝은 금세 감각을 잃을 만큼 시렸다. 이런 날에 산행이라니, 생각만 해도 몸이 저릿저릿해졌다. 하지만 이맘때만 볼 수 있는 설산의 눈꽃 풍경을 떠올리니 설렘이 마음속에서 꿈틀대기 시작했다. 두려움과 설렘 사이에서 마음이 오락가락하던 것도 잠시, 결국 설레는 마음이 이기고 말았다. 겨울 산행의 필수품인 아이젠과 스패츠, 두꺼운 장갑을 챙기고, 추위를 뚫고 정부과천청사역으로 향했다.

모임 장소에 도착하니 벌써 몇몇이 와 있었다. 리딩을 맡은 곰돌이 대장님을 필두로 10명의 산행 멤버가 속속 모였다. 적은 인원이 살짝 아쉽기도 했지만, 오히려 작고 단단한 정예부대처럼 느껴졌다. 우리는 함께 하얀 눈이 깔린 학교 운동장을 가로지르며 출발했다. 지나가는 분께 부탁해 단체 사진을 찍으며 화기애애한 분위기를 자아냈다. 추위 속에서도 웃음이라는 정서로 따뜻해졌으며, 그 순간 추위도 우리 앞에서 물러난 듯했다.

산행에 앞서 들머리에서 잠시 휴식을 취하며 장비를 점검했다. 아이젠을 신고 옷 매무새를 단단히 하고 있는데, 인당수님이 뜨거운 고구마를 꺼내 주었다. 호일로 정성스럽게 싼 고구마를 나누어 주는 그녀의 마음에 온몸이 따뜻해지는 기분이었다. 꿀물이 흐르는 듯 달콤한 고구마를 한입 베어 물었을 때, 추운 날씨에도 몸과 마음이 사르르 녹아내리는 것 같았다. 우리는 그 따뜻한 정성에 반해 게눈 감추듯 고구마를 해치웠다. 그 순간의 즐거움과 따뜻함은 겨울 산행의 매력을 한층 더해 주었다.

드디어 본격적인 산행이 시작되었다. 하늘은 맑고 쾌청해 구름 한 점 없이 푸른 하늘이 펼쳐졌고, 햇살도 따뜻하게 내리쬐었다. 그늘진 곳에만 겨우 얇게 깔린 눈이 겨울의 흔적을 간신히 남기고 있었다. 하지만 음지에 서서 바라보는 풍경은 장관이었다. 햇살을 받아 반짝이는 눈 덮인 봉우리들과 푸른 하늘이 대비를 이루며 눈꽃 이상의 아름다움을 선사했다. 이렇게 좋은 날씨 속에서 멋진 사람들과 산을 오르고 있다는 사실만으로 충분히 행복했다.

배가 고파지면서 자연스레 점심시간이 다가왔다. 각자 준비한 코펠과 버너를 꺼내고, 금세 따뜻한 라면 냄새가 코끝을 간질였다. 바람도 없고 햇살도 따사로워서인지, 오늘의 라면은 유난히 더 맛있게 느껴졌다. 김이 모락모락 피어오르는 뜨거운 국물을 한 모금 들이켜니, 몸속 깊이 따뜻함이 퍼졌다. 어묵과 함께 후루룩 흡입한 라면은 그야말로 꿀맛이었다. 간단한 점심이었지만, 겨울 산에서 먹는 라면의 그 특별한 맛은 어떤 진수성찬보다 값졌다.

식사가 끝난 후 스누피님이 준비한 커피로 디저트를 즐기며, 이 순간이 바로 행복의 절정이라는 생각이 들었다.

점심을 먹고 우리는 연주암을 향해 다시 길을 나섰다. 근처까지 도착하긴 했지만, 더 갈지 아니면 여기서 돌아갈지 의견이 엇갈렸다. 하산 시간을 두고 잠시 논의가 이어졌고, 결국 우리는 한 시간 정도면 충분하리라며 하산을 결정했다. 발걸음을 옮기며 주변 풍경과 겨울 산의 정취를 이야기하며 내려왔다.

하산 길에선 여유가 생겼다. 우리는 잠시 멈춰서서 준비해 온 과일을 나누어 먹었다. 귤은 깎지 않아도 되는 손쉬운 과일이라 좋았지만, 추운 날씨에 손이 시려 먹기가 조금 번거롭기도 했다. 그때 하니님이 부지런히 껍질을 벗겨 조각 내 주었고, 그 따뜻한 배려 덕분에 작은 귤 한쪽이 더없이 큰 행복으로 다가왔다.

하산을 마치고 시계를 확인하니 딱 1시간 3분이 걸렸다. 거의 정확한 예측이었다. 커피가 마시고 싶다는 몇몇 멤버는 근처 카페로 향했고, 나머지는 각자의 집으로 돌아갔다. 산행 후 일찍 귀가하는 평화로움이 또 다른 기쁨으로 다가왔다.

오늘의 여운은 오래도록 가슴 속에 남을 것 같았다. 비록 눈꽃이 만개한 풍경은 아니었지만, 함께한 이들과 나눈 시간만큼은 그 어떤 눈꽃보다도 소중하고 빛났다. 산행의 진정한 의미는 목적지에 도달하는 것보다는 그 여정에서 나누는 정과 웃음에 있음을 새삼 느끼는 하루였다.

금수산의 외로움을
달래준 280

금수산의 원래 이름이 백암산이었다는 사실을 아는 이는 많지 않을 것이다. 조선 중기 단양 군수를 지낸 퇴계 이황이 가을 단풍에 물든 산을 보고

"비단에 수를 놓은 듯 아름답다."

며 금수산으로 이름을 바꾸었다는 이야기는 흥미롭다. 공식적인 개명 절차는 없었지만, 산의 아름다움에 감탄한 이황의 한마디가 산의 이름

을 바꿀 만큼 강렬했음을 짐작하게 한다.

　며칠 전 충청 지역에 폭설이 내렸다는 소식을 듣고 나서, 이번 산행에서 화려한 눈꽃을 만날 수 있지 않을까 하는 기대감이 커졌다. 설렘을 안고 이른 아침 집을 나섰다. 하늘을 두른 엷은 안개가 차가운 공기 속에서 일렁였고, 하현달과 별빛이 은은하게 비쳐 겨울 새벽의 고요함을 더했다. 차갑지 않은 공기는 오늘 하루가 한결 온화 하리라는 신호처럼 느껴져서, 기분 좋게 출발할 수 있었다.

　고속터미널 역 환승 길에서 익숙한 얼굴을 만났다. 게르다님이었다. 반갑게 인사를 나누고, 함께 3호선에 몸을 실었다. 양재역에 거의 다다랐을 즈음 게르다님의 전화가 울렸다. 유경님이
　"신백승이 벌써 도착해 기다리고 있다."
　고 전해왔다. 신기하게도 버스가 우리보다 먼저 도착해 있었다.
　그 여유로운 출발에 마음이 한결 가벼웠다. 인당수님도 바쁘게 걸어오는 모습이 보였다. 우리 마중을 나온 건가 했지만, 다른 사람을 기다리러 왔다는 말에 조금 멋쩍었다.

　버스에 오르기 전, 아침 식사로 준비된 통콩시루떡과 절편이 손에 쥐어졌다. 함께 전해진 달콤한 음료수까지 더해져, 오늘 아침도 풍성한 잔칫상이 차려진 셈이었다. 대박 총무님과 깍쟁이 운영자님의 정성 어린 준비 덕분에 아침도 따뜻한 감사와 행복으로 시작할 수 있었다.

금수산 입구 주차장에 도착해 보니 신백승 한 대만 덩그러니 주차장을 차지하게 된 것 같다. 금수산이 겨울철에는 인기가 없는 산인가 싶었지만, 나중에 듣고 보니 이곳은 원래 눈이 거의 오지 않는 산이라 겨울에는 등산객이 많지 않다고 했다. 그러나 오늘은 상황이 달랐다. 금수산은 새하얀 눈으로 덮여 있어 우리의 기대를 저버리지 않았다.

아이젠과 스패츠를 착용하고 산행을 시작했다. 따뜻한 햇살이 등 뒤에서 포근하게 감싸주었고, 바람 한 점 없이 아늑했다. 하늘은 티끌 한 점 없이 푸르게 펼쳐져 있어 이 완벽한 날씨에 그저 감사할 뿐이었다. 산을 오르며 주위를 둘러보니 비록 나뭇가지마다 눈꽃이 가득 핀 것은 아니었지만 하얗게 덮인 눈 덕분에 겨울 산의 고요함이 한층 깊어 보였다. 올라갈수록 눈은 더 두텁게 쌓여 있었고, 간간이 굵은 나뭇가지 위에도 하얀 눈이 두툼하게 자리 잡고 있었다.

카메라맨들이 바빠졌다. 여기저기서 불러 대며 사진을 찍기 바빴고, 산행 멤버들은 눈을 배경으로 다양한 포즈를 취했다. 눈밭에 벌러덩 누워 보기도 하고, 눈을 움켜쥐어 위로 흩뿌리며 하얀 눈과 하나가 되는 시간을 만끽했다. 능선에 다다르자, 한 산행자가 내려오며

"이건 아무것도 아니에요. 더 올라가면 환상적인 풍경이 기다리고 있어요." 라고 말해주었다. 그 말대로 조금 더 오르자, 소나무 가지마다 하얀 목화송이 꽃이 아름답게 피어 있었고, 마른 나뭇가지에도 보송보송한 솜털

을 덧입고 있었다. 파란 하늘과의 대비가 극치를 이룬 환상적인 파노라마였다. 자연이 만들어낸 이 풍경 앞에서 연신 감탄사가 터져 나왔다. 이토록 아름다운 자연을 바라볼 수 있음에 가슴이 뜨거웠다.

정상에 오르자, 마치 금수산이 우리 팀을 기다리고 있었던 것처럼 정상에는 다른 등산객들이 거의 보이지 않았다. 사람들로 붐비던 다른 산들과 달리, 오늘의 금수산 정상은 온전히 우리만의 공간이 되었다. 마치 금수산의 고독함을 달래 주러 온 듯, 우리는 금수산의 소중한 친구가 되어 주고 있는 기분이 들었다. 우리 발걸음 소리, 웃음소리, 카메라 셔터 소리까지 금수산과 함께하는 순간이 오래도록 기억에 남을 듯했다.

하산 중간에 적당한 자리를 찾아 라면과 어묵, 만두를 듬뿍 넣은 푸짐한 새 알탕을 끓여 점심을 해결했다. 차가운 겨울 산에서 먹는 라면 한 그릇은 추위는 잊게 하고, 산행의 고단함마저 눈 녹듯 사라지게 한다. 배를 든든히 채운 후에는 그 어떤 것도 부러울 게 없었다. 누군가 겨울 산행에서 이 맛을 경험해 보고 싶다면 언제든 환영한다고 외치고 싶었다.

산행지가 멀지 않았고, 짧은 산행이었기에 저녁 8시에 집에 도착했다.

산행 후 일찍 귀가하는 기분은 언제나 특별했다. 오늘 금수산에서의 추억
은 차곡차곡 마음속에 간직되었다. 앞으로도 이런 행복한 산행이 계속
되기를 바라며, 금수산의 하얀 풍경과 함께한 하루를 깊이 마음에 새겼
다.

우리의 상상을
뒤엎다 – 제왕산

2014. 1. 15.

　새벽 4시, 나의 하루는 어김없이 시작되었다. 어젯밤 서둘러 준비해 둔 등산 배낭을 다시 열어보니, 왠지 모를 허전함이 느껴졌다.

　큰 배낭을 선택했던 이유가 겨울 산행 때문이었지만, 아침에 보니 작고 가볍게 꾸리는 편이 더 나을 것 같아 작은 배낭으로 물건들을 옮기기 시작했다. 시간이 촉박했지만, 꼼꼼히 준비를 마치고 길을 나섰다.

　하계역에 도착한 시각은 6시 3분. 아뿔싸! 이미 출발했어야 할 전철을 놓친 것이다. 서둘러 대장님께

　"차 놓쳤어요. 5분 늦을 것 같아요. 그냥 가시면 안 돼요.

　꼭 데려가 주세요!"

　라며 메시지를 보냈다. 대장님의 답장은 여유로웠다.

　"천천히 오세요. 괜찮아요."

그 답변에 긴장이 풀렸지만, 함께 3호선을 타기로 한 친구 게르다님에게도 메시지를 보냈다. 다행히 게르다님이 기다려 준다니, 고마운 마음뿐이었다. 어서 발걸음을 재촉해 반갑게 만나야겠다.

아침 일찍 만원 버스를 타고, 함께 산행에 나선 팀원들의 얼굴에는 기쁨이 가득했다. 오랜만의 만남에 서로의 안부를 나누며, 어느덧 우리 앞엔 멀리 보이는 풍차와 흩날리는 눈발이 있는 대관령 주차장이 펼쳐졌다.

겨울바람이 매섭게 불어왔고 날씨는 제법 추웠지만, 다행히 폭설은 아니었다. 우리는 두툼하게 옷을 껴입고 산행을 준비했다. 바람이 너무 매서운 탓에 얼굴을 마스크와 모자로 꽁꽁 가린 채 서로의 얼굴조차 알아보기 어려운 모습에 웃음이 터져 나왔다. 배낭에 달린 280산악회 꼬리표만이 우리의 신원을 증명할 수 있을 듯했다.

고속도로 준공비 앞에서 단체 사진을 찍고 본격적으로 산행을 시작했다. 제법 강하게 불어오는 바람이 2-3년 전 선자령에서 경험한 칼바람을 떠올리게 했지만, 이 추위도 익숙한 겨울 산행의 일부처럼 느껴졌다. 길을 따라 오르자, 눈에 덮인 나뭇가지들은 마치 하얀 솜 이불을 덮은 듯 포근하게 서 있었다.

"뽀자작 뽀자작"

아이젠이 바닥을 밟는 경쾌한 소리와 함께 눈 쌓인 능선 길을 걸으니 겨울 산의 평화로움에 마음이 여유로워졌다.

바람에 흩날리는 눈발과 힘차게 뻗은 소나무들은 마치 겨울이 빚어낸 한 폭의 그림 같았다. 능선 길은 경사가 가파르지 않아 팀원들이 차분하게 줄지어 걷기에 좋았다. 강한 바람을 피하며 게걸음으로 걷기도 했고, 가끔 구름 사이로 햇살이 드리워져 오랜만에 따뜻함을 느낄 수도 있었다. 그 햇살 덕분에 몸이 조금씩 풀리면서 껴입은 옷을 하나 둘 벗어냈다. 발아래 깔린 눈은 여전히 차가웠지만, 주변을 둘러보니 잎을 모두 떨군 나무들이 빈 가지로 추위를 견디고 있었다. 묵묵히 겨울을 견디는 나무들의 모습은 오히려 우리에게도 굳건한 기운을 전해주는 듯했다.

'제왕산 정상'이라는 철 말뚝 표시를 발견했을 때, 드디어 정상에 도착했나 싶었지만 아직은 아닌 듯했다. 고사목과 소나무들이 멋스럽게 늘어선 능선을 조금 더 오르니, 마침내 단정히 자리한 정상석이 우리를 반겼다. 기나긴 산행의 끝에 드디어 정상석을 만나, 인증샷을 남기며 오늘의 산행이 성취감으로 물들었다.

점심시간은 따뜻한 햇살이 비치는 자리에 모여 앉아 어묵탕과 떡국, 라면을 나누며 따뜻하게 보냈다. 추운 산길에서 서로의 온기를 나누며 맛본 국물은 추위 속에서 함께 웃게 만드는 따뜻한 인연의 맛이었다. 잠시나마 추위와 힘든 산길을 잊고 웃음소리가 가득한 시간이 흘렀다.

하산길에서는 얼음이 녹아 흐르는 맑은 계곡을 만났다. 바위틈 사이로 졸졸 흐르는 물소리는 마음을 고요하게 가라앉혔다. 만약 여름이라면 벌써 뛰어들거나 발을 담그고 싶었을 그 맑은 물은 겨울이라 더욱

신선하게 느껴졌다. 그 계곡물에 마음속 묵은 찌꺼기들까지 씻겨내려 가는 기분이었다.

오늘의 마지막 목적지는 경포대. 눈앞에 펼쳐진 코발트빛 바다에 가슴이 뻥 뚫리는 듯했다. 바람이 강하지 않아 바닷바람을 가슴 가득 받아들이며 마음의 여유를 즐길 수 있었다. 갈매기 몇 마리가 하늘을 자유롭게 날아다니며 바다와 어우러져 아름다운 풍경을 만들었다. 바다 바람에 실려 긴 꼬리를 흔들며 자유롭게 하늘을 누비는 연의 모습은 한 폭의 풍경화 같았다.

저녁 식사는 신선한 회와 매운탕으로 마무리했다. 따뜻한 비닐하우스 안에서 웃음과 이야기로 가득 찬 식사는 더할 나위 없이 만족스러웠다.

경포호에 반사된 일몰의 낙조가 물결에 부서지며 황홀한 풍경을 만들어냈다. 경포대에서 하늘, 바다, 호수, 그리고 서로의 눈동자 속에 뜬 달을 보았다는 정철의 말이 떠올랐다. 그렇게 아름다운 풍경을 뒤로하고 우리는 가득 찬 추억을 안고 귀경길에 올랐다.

Let's go home.

자비를 베풀었다
- 선자령

2013. 1. 14.

짙은 안개와 어둠이 어우러진 새벽, 차가운 공기 속에서 도로 위에 내려앉은 안개는 마치 찬서리처럼 바닥을 덮고 있었다. 그 위에 금가루를 흩뿌려 놓은 듯 반짝임이 스며있었고, 지하철역으로 향하는 길목의 가로등 불빛 아래서는 은은한 빛으로 잠든 새벽을 깨우고 있었다.

안개가 자욱한 날씨는 포근하고 맑다는 말이 문득 떠오르며, 오늘 우리가 마주할 선자령의 모습이 어떨지 상상하게 되었다. 지난해 선자령에서 매섭게 몰아치던 칼바람이 떠올라 기대와 두려움이 동시에 스쳤다. 날씨가 너무 추우면 사람들은 자연스레 움츠러들게 마련이다. 따뜻한 방에 머무는 게 그리워질 때일수록 추위를 마주하는 용기가 필요하다. 그 용기가 결국엔 우리를 더욱 강하게 만든다. 요즘 산행객이 늘어나는 걸 보면, 많은 이들이 몸을 움직이며 자신을 돌보는 법을 익힌 듯하다.

문막휴게소에 들렀다. 휴게소에는 산행객들로 가득한 관광버스들이 빼곡하게 서 있었고, 화장실 앞에는 긴 줄이 눈에 띄었다.
여자 화장실 앞에는 갈지(之)자로 줄이 늘어선 모습이 기다림 속에서 질서를 배워가는 하나의 과정처럼 느껴졌다. 가끔은 기다림도 배워야 하는 삶의 한 부분임을 실감하게 된다.

버스 창밖으로 어슴푸레한 새벽 풍경이 펼쳐졌다. 안개는 밤새 서리가 되어 나뭇가지마다 하얀 옷을 입혔다. 마치 크리스마스 장식처럼, 가지마다 흰 밀가루를 뿌려놓은 듯했다. 차가운 새벽 공기 속에서도 나뭇가지들은 겨울의 고요한 아름다움을 뽐내며 서 있었다. 모진 한파와 풍설에도 끄떡없이 서서 다가올 봄을 기다리고 있는 그 나무들이 위대해 보였다.

드디어 선자령 입구에 도착했다. 버스에서 내리기 전, 나는 작년 선자령의 혹독했던 기억을 떠올리며 만반의 준비를 했다. 그런데 막상 버스에서 내리니 놀랍게도 날씨가 포근했다. 마치 사랑하는 사람의 품 속처럼 따스하고 부드러운 공기가 우리를 감싸안았다. 하지만 방심은 금물이었다. 정상에 오르면 바람이 어떻게 변할지 모르니 말이다. 작년엔 코끝을 베어낼 듯한 바람이 얼굴을 찢을 듯 매서웠고, 눈 위에 발자국마저 바람이 스치며 금세 지워버렸던 기억이 생생했다.

우리는 완만한 능선을 따라 한 발짝씩 걸음을 옮겼다. 눈밭을 걷는 발걸음은 사막의 모래밭을 걷는 것처럼 무겁게 느껴졌다. 그럼에도 불구하고 사람들의 얼굴에는 더워서 옷을 벗고 싶다는 표정이 드러났다. 그러나 섣불리 옷을 벗는 건 추후에 닥칠 추위를 생각하면 쉽지 않은 선택이었다. 하늘은 맑고 고요했으며, 산은 우리를 향해 평온한 미소를 지어주는 듯했다. 우리는 그 포근함에 감사하며 한 걸음 한 걸음 정상을 향해 걸음을 옮겼다.

선자령에 올 때마다 늘 거센 바람을 피해 아늑한 곳을 찾아 몸을 숨기고 점심을 먹어야 했는데, 이번에는 상황이 달랐다. 풍력발전기 아래의 넓고 평평한 공간이 마치 우리를 위해 마련된 것처럼 눈앞에 펼쳐졌다. 서너 팀씩 자리를 나누어 앉자 커다란 비닐 덮개가 펼쳐지면서 자연스레 '비닐하우스'가 만들어졌다.

정말 아늑하고 포근했다. 작은 바람 끝조차 비집고 들어올 틈이 없으니 얼마나 따뜻하고 좋은지. 비닐하우스 안에서 버너에 불을 붙이니 훈기가 퍼지며 금세 찜통이 되었다. 너무 더워 얼굴에 땀이 맺혔고, 마치 찜질방에 온 것처럼 열기가 몰려들었다. 결국 몇 명은 찜질방 문을 열듯 밖으로 나갔지만, 나는 그 포근함이 참 좋기만했다. 차가운 바람을 완벽히 차단해 주는 이 공간은 나에게 딱 알맞은 온도였다.

두 개의 코펠에서 끓어오르는 뜨거운 수증기는 작은 물방울을 만들어 이마와 밥상 위에 뚝뚝 떨어졌지만, 그럼에도 점심은 환상적인 분위기 속에서 더욱 즐겁고 맛있었다.

따끈한 라면 국물로 속을 채우고 나서 다시 정상을 향해 발걸음을 옮겼다. 저 멀리 보이는 정상은 이미 사람들로 가득 차 북적거리고 있었다. 그야말로 와글와글한 분위기다. 인증샷이라도 하나 남기려 정상석 앞으로 다가갔지만, 독사진을 찍는 건 애초에 불가능하다는 걸 바로 알 수

있었다. 여기저기서

"한 컷이요"

를 외치는 소리가 끊이지 않았고, 모두가 선자령의 그 순간을 담아내려 분주히 움직였다. 선자령의 정상석은 외로울 틈이 없었다. 이렇게 많은 사람들이 찾아와 함께해 주니까.

오늘은 유난히 포근했던 선자령이지만, 어떤 이들은 매서운 칼바람이 그립다며 다음 주에 다시 오자고 농담을 주고받았다. 하지만 나는 오늘의 그 포근함이 너무나도 좋았다. 자비를 베푼 선자령이 오늘만큼은 나의 가장 멋진 벗이었다는 생각이 들었다. 함께 한 모든 이들과 이 특별한 하루에 감사하며, 오늘의 선자령을 오래도록 기억에 남길 것 같다.

환상의 상고대를
선물해 주다 - 가리산

2014. 1. 27.

가리산 1,051미터.

산봉우리가 곡식 낟가리처럼 생겼다 하여 붙여진 이름이라 한다. 낮설지 않은 이름이지만, 정작 처음 가는 산이다. 280에서조차 아직 가보지 않은 산이라는 점에서 살짝 의아하기도 했지만, 강원도의 산이라면 그 자체로 만만치 않을 거라는 기대가 생겼다.

예보에 따르면 오늘 영동 지역에는 눈이 많이 온다 했다.

누군가는 차라리 눈이 내린 다른 산으로 행선지를 바꾸자고 제안했지만, 이미 모든 준비가 끝난 뒤라 늦은 감이 있었다. 결국 예정대로 가리산으로 향했고, 이왕 가는 길 마음을 비우기로 했다.

입구 주차장에 도착하니, 커다란 고드름이 하나의 작은 산을 이룬 듯 반짝이고 있었다. 모두 휴대폰을 꺼내 들고 이리저리 사진을 찍느라 분주했다. 고드름이 만들어낸 기묘한 풍경이 그 자체로 작은 축제 같았다.

오늘의 좋은 징조처럼 느껴졌다. 간단한 몸풀기 체조를 하고, 스무 명 남짓한 인원이 함께 산행을 시작했다.

푸르른 잣나무 숲이 우리를 맞아주었다. 잣나무 아래는 마치 누군가가 정성껏 쓸어낸 듯 깨끗했다. 캔디님이

"우리 집보다 더 깨끗하네"

라며 농담을 던지자 모두들 웃음꽃을 피웠다. 조금 더 오르자 이번에는 낙엽송들이 곧게 뻗은 몸매를 자랑하고 있었다. 군더더기 없이 위로만 자란 모습이 참 신기했다. '사람도 이렇게만 자란다면 얼마나 좋을까?' 하는 농담이 이어졌다.

겨울 산이라면 흰 눈이 덮여 있어야 제격이겠지만, 길바닥에는 잣나무 잎만이 가득 쌓여 있었다. 경사도는 처음부터 만만치 않았다. 곳곳에서 거친 숨소리가 흘러나왔고, 이마에는 금세 땀이 맺혔다.

조금 더 오르자 참나무 낙엽이 빗물에 젖어 눅눅하게 깔려 있었다. 바스락거림 대신 묵직한 쿠션이 되어 발을 받쳐주었다. 유경은 이 낙엽들을 배경 삼아 사진을 찍느라 분주했다. 작은 풍경 하나에도 기쁨을 찾는 모습이 참 예뻤다.

하늘은 오늘도 파랗게 열려 있었고, 겨울 산행의 강적인 칼바람조차 자취를 감춘 듯 고요했다. 그 덕분에 따스한 햇살이 온화하게 우리 곁을 지켜주고 있었다.

눈 위에는 새와 짐승의 발자국만 남아 있었고, 사람의 흔적은 전혀 보이지 않았다. 산 전체가 우리만의 공간이 된 듯한 기분이었다.

그러다 문득 고개를 들어보니, 안개가 자욱한 듯 산자락이 희뿌옇게 물들어 있었다. 그 속에서 조금씩 드러난 풍경은 마치 새로운 세계로 들어서는 초대장 같았다. 그리고 마침내, 상고대가 모습을 드러냈다. 처음엔 가녀린 가지 끝에 작은 눈꽃이 맺히더니, 걸음을 옮길수록 점점 가지마다 순백의 레이스가 주렁주렁 매달리기 시작했다. 파란 하늘을 배경으로 펼쳐진 그 풍경은 그야말로 환상 그 자체였다.

　기대치 없이 오른 산행길에서 이런 선물을 만나다니, 우리 모두의 얼굴에는 감탄이 가득 번졌다. 조금 전까지만 해도 "누가 이 산을 정했느냐"라고 투덜대던 이들도 이젠 "정말 최고의 선택이었다"라며 감탄을 쏟아냈다. 상고대 앞에서 발걸음은 더디기만 했다. 위에서, 아래에서, 이쪽저쪽에서 카메라 셔터가 끊임없이 눌렸다. 맑고 투명한 상고대에 입술과 볼을 대보며 그 사랑스러움을 표현하기도 했다. 햇살이 닿기 전까지만이라도 그대로 남아 있기를, 시들지 않고 더 오래 피어 있기를 간절히 바라는 마음이었다.

가리산의 1·2·3 봉우리가 이어 주는 풍경은 또 다른 감동이었다. 다소 험한 길이 기다리고 있었지만, 상고대가 손짓하듯 부르니 주저할 틈이 없었다. 정상에 서자 입을 다물 수 없을 만큼 압도적인 풍광이 눈앞에 펼쳐졌다. 고맙고, 감사하고, 행복한 마음이 한꺼번에 밀려왔다.

하지만 아쉬움도 있었다. 몸이 좋지 않아 차에서 기다린 대박 총무님, 그리고 혼자 두기 미안하다며 산행을 포기한 깍쟁이님. 두 사람의 의리와 우정이 마음에 오래 남았다. 산행을 마치고 돌아와서, 가리산의 정기를 나눠주듯 서로를 안으며 마음까지 함께 나누었다.

오늘 산행은 뜻밖의 상고대라는 큰 선물과 더불어, 빨라진 귀가 시간 덕분에 더욱 특별했다. 산행지에서 뒤풀이하지 않고 서울로 돌아와 모이기로 하니 마음이 한결 가벼웠다. 늦은 귀가가 늘 고민이었는데, 오늘 같은 일정이라면 얼마든지 함께 할 수 있을 것 같았다. 앞으로도 늘 이렇게 되기를 속으로 바랐다. 하하하.

'280산악회
3주년 기념 산행'
13행시 – 운악산
· · ·

2 20세에서 80세까지 함께 걷자는 슬로건,

8 팔팔한 이십 대부터 여유로운 팔십 대까지 이어지는 도전.

0 영원하지는 못해도, 건강한 마음이면 길은 열리리.

산 산 정상에서 기고만장하기보다,

악 악보 없는 자유의 노래를 새들의 날갯짓에서 듣고 싶다.

회 회상은 추억이 되어 보석처럼 가슴에 남고,

3 삼라만상의 품 안에서 우리는 자연의 자식이 된다.

주 주어진 날들 속에서 품 넓은 산에 안기리라.

년 연연하지 않고 겸허히 산과 하나 되어,

기 기쁨과 평화를 누리며,

념 염원과 소망을 하늘 위에 펼쳐 가리라.

산 산을 사랑하는 사람답게, 산을 닮아가며,

행 행복을 나누는 충전소, 우리 280산악회! 야호!

에필로그

· · ·

　한 권의 책으로 지난 산행을 돌아보니, 걸음마다 숨결마다 아름다운 추억이 깃들어 있음을 느낀다. 산은 언제나 묵묵히 그 자리에 있었고, 그 품에서 나는 조금씩 단단해지고 한 뼘씩 자라왔다. 앞으로의 길에도 오르막과 내리막이 이어지겠지만, 산이 가르쳐준 인내와 감사의 마음으로 천천히, 그러나 흔들림 없이 걷고 싶다.

　이 길을 함께 걸어준 280가족들, 그리고 곁에서 함께 웃고 격려해 준 이들의 마음이 지금의 나를 만들어 주었다. 그 따뜻했던 동행을 생각하면 여전히 마음이 든든하다. 무엇보다, 나의 등 뒤에서 모든 걸음을 인도해 주신 하나님께 감사드린다. 그분의 은혜가 있었기에 산에서도, 삶에서도 멈추지 않고 걸을 수 있었다.

　돌아보면, 모든 순간이 하나의 배움이자 선물이었음을 새삼 느낀다. 이제는 그 마음을 품고 또 다른 길로 나서려 한다. 산에서 얻은 작은 깨달음과 자연이 들려주는 조용한 속삭임에 귀 기울이며, 오늘도 나는, 삶의 의미를 배운다. 언제나 변함없이 우리 곁에 묵묵히 자리한 산처럼, 깊이 있는 마음으로 삶을 걸어가리라 다짐한다. 그리고 이 글이 누군가의 마음에도 큰 용기로 다가 가기를 바란다.

 # 산, 나의 그리움

발 행 일	2025년 11월 10일
글 쓴 이	조양숙
기 획	도서출판 알움
디 자 인	도서출판 알움, 김지혜
펴 낸 곳	도서출판 알움
메 일	alumedu@naver.com
등록번호	제 2016-000026호
I S B N	979-11-993966-2-3
가 격	19,800원